中国现代农业科技小院丛书

广西芒果

优质生产100问

张　东　郑良永　编著

中国农业出版社

本书由以下项目资助：

农业部 2015 年农业生态环境保护项目：热带果园农业清洁生产技术示范

中央级公益性科研院所基本科研业务费专项资金（中国热带农业科学院南亚热带作物研究所）项目：田阳芒果水肥一体化技术研究（1630062014017）

中国热带农业科学院南亚热带作物研究所横向项目：几种特色果树生产技术研究与示范，芒果中晚熟品种试验示范基地建设

公益性行业（农业）科研专项：芒果产业技术研究与示范(201203092—3)

编 委 会

主　　编： 张　东　郑良永

参编人员： 赵　丹　王松标

武红霞　姚全胜

李国平　曾　辉

周向阳

顾　　问： 谢江辉　杜丽清

詹儒林　李端奇

韦敏庆　王安福

前言

Preface

芒果（*Mangifera indica* L.）为漆树科芒果属多年生热带常绿大乔木，是典型的亚热带果树，其果肉细腻，风味独特，营养丰富，色、香、味俱佳，素有“热带果王”之美誉。中国已成为世界第二大芒果生产国，同时也是世界最大的芒果消费市场。我国的台湾、广东、广西、海南和福建南部，云南南部、东南部、西南部以及四川攀枝花地区均有芒果种植，并呈现东南—西北的产业带分布。广西右江河谷芒果优势产业带是我国第二大芒果优势产区，仅次于海南。芒果产业已经成为当地农业和农村经济的重要组成部分，在农业产业结构调整中发挥着积极的作用，在我国的芒果生产与贸易中占有重要的地位。不过也存在着很多生产管理上的问题，比如芒果的品种结构不合理、施肥不合理、病虫害防治不及时或防治效果不佳、芒果产量普遍偏低等问题。科技创新是产业发展的驱动力，科学的芒果生产管理技术越来越受到当地农民朋友们的关注，芒果科学生产是提高效益和增加农民收入的重要途径，也是芒果增产提质的必然要求。

2013年，中国热带农业科学院南亚热带作物研究所与中国农业大学资源环境与粮食安全中心继在广东徐闻建立热区第一个科技小院之后，再次强强合作，与田阳县人民政府联合成立“田阳科技小院”，共同打造集研究、示范、推广、培训多种功能于一体的“产学研推”相结合的特殊平台。通过研究生和科技人员长期驻扎科技小院，深入芒果生产一线，开展芒果生产技术创新、试验示范、培训推广以及农村服务等工作，为果农提供“零距离、零时差、零门槛和零费用”的服务，致力于解决芒果生产上存在的一些问题，提高芒果产量和品质。其中，开展科技培训是技术传播的一个有效方式，科技小院的学生带着先进的管理技术走进农村进行科技培训，并对农民朋友们提出的生产问题一一作出解答。本书挑选了农民最关注的100个问题进行探讨，希望能给更多的芒果种植者及技术人员提供参考和帮助。

本书主要针对广西芒果整个种植过程以及生长发育期间操作管理中容易出现的问题进行了解答。全书分为七个篇章，第一、第二篇主要介绍芒果的苗木繁殖与果园建设中存在的问题；第三篇对芒果的修剪整形进行了详细的讲解；第四篇主要介绍了芒果花果期进行的促花控花、保果优果的操作管理技术，并分别进行了说明；第五篇针对影响芒果生长最主要的两个因素，即水分和肥料管理操作进行讲解；第六篇向大家介绍了近几年来运用在芒果上的新技术；第七篇则是针对芒果主要病虫害的症状、发病规律及防治措施进行解答。

本书的完成，首先要感谢中国热带农业科学院南亚热带作物研究所、中国农业大学资源环境与粮食安全中心和田阳县人民政府三方搭建的“田阳科技小院”平台！感谢中国热带农业科学院南亚热带作物研究所谢江辉所长、杜丽清、詹儒林和李端奇副所长，感谢中国农业大学资源环境与粮食安全中心张福锁和李晓林等教授，感谢田阳县韦敏庆副县长为“田阳科技小院”的发展付出的心血！以及芒果团队专家和老师们的无私指导！非常感谢田阳县科技局王安福局长的大力支持和帮助。感谢所有参与本书编写和修改的老师、同学和同事。对在本书编写过程中提供文献支撑和研究成果支持的原创作者，在此表示衷心的感谢！

由于作者的研究和认识水平有限，书中难免存在纰漏之处，敬请广大读者批评指正。

编　者

2015年9月

目录
Contents

第一篇　苗木繁育篇

1. 广西的主要芒果栽培品种有哪些?

芒果在我国栽培有很长的历史，但是真正进行商品化生产，却开始于20世纪50年代。从20世纪80年代开始，在我国科学工作者的努力下，逐渐培育出适应我国气候的新品种，实现了我国芒果大规模的商品化生产。经过30多年的发展，芒果已成为我国南方主要栽培果树之一，成为了广西右江河谷地区重要的农业支柱产业。近几年来，广西右江河谷地区进一步加大培育和引进迟花芒果品种的力度，并取得了一定的成绩。这些芒果品种一般都具有花期迟、两性花比例适中、有多次开花的习性和坐果能力强的特点，能够获得较为稳定的产量。

下面重点介绍国内的几个主要栽培品种。通过以下的描述，希望可以让果农朋友们了解各类芒果品种的果实外形特点、成熟时间和抗逆性等方面的知识。果农朋友们可以根据这些特点选择满足自己需要的品种。芒果品种根据成熟期的不同，分为早熟品种、中熟品种和迟熟品种。

(1) 早熟品种

①台农1号（彩图1）。台农1号是台湾省凤山热带园艺分所选育的矮生品种，属早熟品种，在5月下旬和6月上旬开始成熟，品种树冠矮小，长势壮旺，树干直立，开花早，花期长，节间短，叶窄小，抗风抗病力较强，坐果率高，较抗炭疽病。果实呈肩宽卵

形，稍扁，果实中等，单果重250～300克，果实光滑美观，近果肩半部带胭脂红色，肉质嫩滑，纤维少，果汁多，糖分含量在20%以上，甜度高，香气浓，味清甜爽口，品质佳，商品性好，深受客商和消费者青睐。这个品种也是广西右江河谷地区芒果的主栽品种。

②**红贵妃**（彩图2）。又称为“贵妃”，属早熟品种，与“台农1号”同期上市。其果实外表美艳无比，表皮青里透红，无任何斑点;果质适度适中，核小无纤维，水分充足，单果重300～400克。因其外观靓丽、品味俱佳，台湾商人引进中国大陆时美称其为“贵妃”。

③**台芽**（彩图3）。台湾选育的优良早中熟品种，长势强。果形略似金煌，果实成熟时果皮淡红色，风味佳，外形美观。平均单果重500克左右，略带香味，口味清淡。遇低温阴雨天气易结无胚果，较易感染炭疽病。

(2) 中熟品种

①**紫花芒**（彩图4）。又称为农院3号。是广西农学院（1987）在泰国芒实生后代中选育出的优良品种，曾是广东、广西主栽中晚熟品种之一。树势中等，抗病性强，早结丰产。果实大小适中，呈S形，单果重250～300克；后熟时皮色鲜黄，果肉橙黄色，果汁多，外形美观，品质中上，较耐贮运，是优良加工品种。但该品种对低温反应敏感，易受寒害。

②**金煌**（彩图5）。金煌芒是由台湾黄金煌先生选育出来的品种，树势强，树冠高大，花朵大而稀疏。果实特大且核薄，味香甜爽口，果汁多，无纤维，耐贮运。平均单果重915～1 200克，果实长19.9厘米，宽10.1厘米，厚8.9厘米，长椭圆形。成熟时果皮橙黄色。品质优，商品性好，糖分含量在17%。种子为多胚型，果实成熟在7～8月，属中熟品种，抗炭疽病。

③**红象牙**（彩图6）。该品种是广西农学院自白象牙实生后代中选出。长势强，枝多叶茂。果实呈长圆形，微弯曲，皮色浅绿，果皮向阳面鲜红色，外形美观。果大，单果重500～700克，可溶

性固形物15%～18%，可食部分占78%，果肉细嫩坚实，纤维少，味香甜，品质好，果实成熟期在7月中下旬。

④杉林1号（彩图7）。果实外表艳丽，呈水蜜桃色，糖分含量在19%左右，口感与风味特佳，果重约500克。2002年从台湾引进，有一定的面积和产量。随着广西右江河谷地区中晚熟品种的大量推广，杉林1号种植面积也越来越广。

⑤桂热10号。树势强壮，果实呈椭圆形，果嘴有明显指状物突出。单果重350～800克，可食部分占73%，果肉橙黄色，质地细嫩，纤维少，鲜食品质优良。较抗炭疽病、角斑病等病害。

⑥四季蜜芒（彩图10）。四季蜜芒为多次开花结果品种，果长椭圆形，果洼浅，微具果嘴，果顶长，属中果型，单果重200～250克。果肉纤维中等，品质较高；可溶性固形物22%，可食率80%。

(3) 晚熟品种

①桂七（彩图8）。又称为桂热82号，俗称桂七芒，是由广西农业科学院亚热带作物研究所从秋芒实生群体中选育出来的优良晚熟品系。树势中等，枝条开张花期较迟，属晚熟品种，成熟期为8月中下旬。丰产稳产。单果重200～500克，果形为S状，长圆扁形，果嘴明显，果皮青绿色，成熟后为黄绿色，果肉乳黄色。肉质细嫩，纤维极少，味香甜，糖分含量在20%以上。耐贮运。适应力比较强，对白粉病、炭疽病、果腐病等病害有一定的自然抗性，也较少受到害虫的危害，是一个较好的抗病虫品系。

②凯特（彩图9）。原产于美国佛罗里达州，是1938年从印度品种*Mulgoba*实生树中选出，由中国热带农业科学院南亚热带作物研究所于1984年引入，以高产高质著称。该品种树势强壮，产量较高，枝条密集。果实大，呈宽卵圆形，长13.2厘米，宽10.7厘米，厚9.8厘米。果皮淡绿色，向阳面及果肩呈淡红色，单果重约为680克，果皮橙黄色，皮薄核小肉厚，果肉橙质，多汁，纤维少，糖分含量在17%，种子单胚，较小，占果重的7.5%～8%。属晚熟品种，成熟期在8～9月。丰产、耐运输，货架寿命长。该

品种特别适合夏季无台风及高温干旱地区种植。

③田阳香芒。系广西田阳县地方自选品种，花期较早。树势较强，枝干明显，层次分明，树冠圆头形，叶呈绿色，有光泽，长椭圆形，叶柄较短。花序圆锥形，花梗淡青绿色，花瓣淡黄红色。果呈椭圆形，单果重210～290克。果皮光滑，成熟时黄色。果肉纤维少，品质较高。可溶性固形物18%～22%，可食率为70%，不耐贮放。地区性丰产，在右江河谷地区产量较高，其品质极佳，富含人体必需的多种维生素和微量元素，被誉为“芒果之王”。

④桂香芒。桂香芒是秋芒和鹰嘴芒的杂交后代。树势中等偏弱，树形松散，发梢力弱，枝条粗，趋向横生，角度较大，外围枝条柔软下垂，树冠扩大较慢。叶片大，色深绿，叶缘呈明显波浪状。花期稍迟，在2月下旬至3月下旬，两性花比率41%～78%。果实淡绿色，长椭圆形，尖端钝，果皮光滑无果粉，果肉橙黄色，纤维少，略具香味。果实较大，不均匀，平均单果重约300克，其可食部分占69%～84%，含可溶性固形物14%～17.5%，酸甜适中，核小，多为单胚型。品质较高，采收期在8月中旬。但该品种果实易感染蒂腐病。

⑤红芒6号（彩图11）**。**原为美国佛罗里达州的栽培品种，1984年由广西南亚热带作物研究所从澳大利亚引进，该品种适应性较广。属晚熟品种，在右江河谷果实成熟一般在8月上中旬。产量较高，丰产稳定，品质好，外观美丽，是具有发展前途的新品种。其树势壮旺，树冠圆头形，紧凑，枝条粗壮，萌芽力强，枝梢长而下垂，叶片长披针形，叶色深，叶缘呈不规则的波浪状，微有卷曲。花期在2月下旬至3月上旬，再生花能力强，再生花期一般在3月中旬，花梗浅红色，两性花比例为25%～38%。果实近圆形，平均单果重250～300克，成熟时果皮红色至紫红色，阳光充足呈现鲜红色，果肉深黄色，汁多，味甜，纤维中等，可溶性固形物在14.38%以上，品质较高，可食用部分占79.7%。

⑥**热农1号**（彩图12）。是由中国热带农业科学院南亚热带作物研究所新选育的优良品种，长势旺，丰产稳产，平均单果重500克左右，果皮桃红色，果皮光滑果点小，果形端正，外观艳丽，肉质细腻，品质优良，抗炭疽病和细菌性角斑病能力都较强，属中晚熟品种，成熟期为8月。经攀枝花、华坪及广西右江区等地试种适应性较好，适宜大面积推广。

2. 芒果苗木繁殖方法有哪些？哪种方法投产最快？

随着芒果的经济效益越来越高，如何在短时间内使新生芒果树进入投产，可有效地提高生产效益，增加收入，这是果农朋友们所关心的。选择一个较好的苗木繁殖方法，是提高收入和增加效益的重要途径。

芒果苗木繁殖常采用两种方式，一种是有性繁殖，另一种是无性繁殖。有性繁殖又称为实生苗繁殖（彩图13），我国南方各芒果主产区农民群众过去习惯采用实生苗的方法，即通过播种，由芒果种子发芽直接获得幼苗，然后将幼苗定植在果园，进行栽培。芒果种子有单胚型和多胚型两种，这种方法虽然简便易行，但是由于芒果属于异花授粉果树，所得的后代芒果性状变异较大，特别是单性胚的品种，变异更大；多性胚芒果品种，种子中含有一个有性胚和多个无性胚，无性胚来自母体营养器官，繁殖后代基本保持母株的遗传性状，但因育苗时无法分别有性胚和无性胚，育成的苗木是杂合的，故其后代植株间性状仍有较大的变异，而且发育必须从头开始，至少需要经过6～7年童期后，才能进入正常开花结果期。用种子繁殖具有童期性、结果迟等缺点，并且植株变异大，因此，实生苗繁殖的方法已很少被采用。无性繁殖主要包括嫁接、空中压条和扦插。

近些年来，芒果生产上多用嫁接的方法（彩图14），就是通过把优良的母本接穗，接合在适宜性强的砧木上来繁殖良种苗木。嫁接苗能保持母本的优良性状，并可使植株矮化和提早结果。果农朋友们多采用芽接、枝接等嫁接的方法繁殖苗木，这种方法能提早结果（定植后 2～3 年即可结果），并能较一致地保持其母本的优良性状，故为较好的苗木繁殖方法，越来越普遍。

3. 应该怎样建设芒果苗圃?

新植芒果时，果农朋友们通常在实生苗上嫁接，然后定植在果园，通过嫁接保持了品种母本的优良性状。培育良种壮苗是芒果高产、优质、高效栽培的前提，苗木品种的纯度和苗木质量对定植成活、植株生长、品质及经济效益有直接影响。芒果苗圃应选择靠近水源、避风且冷空气不易沉积的环境，土层厚、有机质含量高，排水良好的壤土或是沙壤土；而黏性重、已板结或土层浅薄、石砾多的土壤不宜选作为苗圃地。常有霜冻的地区，容易沉积冷空气的洼地或是山谷，幼苗易受冻害，也不宜作为苗圃地。苗圃地必须要经过深翻细耙，使土块细碎，并修成长 8～10 米、宽 1～1.5 米、高 20 厘米的畦床，畦床之间要留 40 厘米左右的空隙，以便于管理。同时，应施足基肥，促使苗木生长壮旺，一般每亩①可施腐熟农家肥 2 000～2 500 千克，并拌施用磷酸钙 20～25 千克。基肥撒施于畦床，并做一次浅翻。此外，芒果苗木不宜长期连作，否则苗圃地力下降，病虫害严重，对芒果生长不利。

4. 什么样的品种适合作为芒果实生苗?

选择实生苗的品种，应选用与当地推广品种亲和力较强的品种，一般大叶子品种的种子，不宜用来繁殖砧木；繁殖砧木的种子，以具有抵抗土壤真菌传染病的能力并能诱导植株正常开花的多胚型品种为好。单胚性的品种出苗率较低，多胚型品种一个种子可

---

① 亩为非法定计量单位，1 亩＝1/15 公顷≈667 米^2。——编者注

发出多个植株，可选择较健壮的作为实生苗，也可通过分苗得到更多的实生苗。广东地区多以海南土芒、云南芒的种子来繁殖砧木苗，但海南省的东方芒作砧木的嫁接成活率最高，并且一个种子能长出几株苗，而以云南芒作砧木的嫁接成活率较低，且砧木干茎易出现裂皮，造成树干流胶。广西芒果主产区右江河谷地区，多以本地土芒作砧木繁育实生苗。

采种用的果实，应来自生长良好、无病虫、高产的母树上，并以中等大小、成熟、充分饱满的果实最好，畸形、发育不充实、种壳未变硬的嫩果及病虫果都不宜留用。

5. 繁育实生苗用的芒果种子应如何处理才能提高发芽率？

由于芒果胚对水分特别敏感，一经干燥，发芽率会迅速降低。芒果种子不耐贮放、堆积，更不能在阳光下晒干。果实采下黄熟后，应立即将种子从果实中取出，洗去果肉，晾干或在太阳光下晒3～4个小时（切勿在强光下晒的时间过长），即可播种。种子存放时间长，发芽率低，据试验：种子从果实中取出后放置5天，发芽率会明显降低，放置7天，发芽率会严重下降。如果需要长途运输的种子，最好采用鲜果运输，据试验研究，鲜果经过长途运输后，及时将种子从果肉中取出，剥壳催芽，其种子的发芽率仍在90％以上。可用湿椰糠、细沙或炭粉等贮藏种子的方法进行长途运输。据试验证明，芒果种子在湿木炭中贮藏100天左右，仍有较高的发芽率。若想种子快速发芽，须将种子剥去纤维质的皮和膜质层，用0.1％的高锰酸钾液浸泡1分钟，取出晾干即可播种。

6. 剥壳和催芽应该怎样操作？

晾干后的种子可直接用砂床催芽，也可剥壳后再催芽。实践证明，芒果种子外木质硬壳妨碍种子发芽（彩图15），直接用种核播种发芽率低，种苗弯曲、畸形的比例较大。剥壳催芽的效果比未剥壳的好，发芽率在 90%以上，未剥壳的发芽率在 40%～60%。剥壳后的种子，由于无种壳的限制，主根和茎轴直，苗木生长旺。同时，通过剥壳可剔除变坏不能发芽的种子，以提高发芽率。剥壳后的种子可首先放在砂床上催芽，然后再移入苗床，也可将剥壳后的种子按 15 厘米×20 厘米的规格直接播于大田苗床。

(1) 砂床准备 砂床可设在树荫下等较凉的地方。砂床一般高为 10～20 厘米，宽 80～100 厘米。也可在田间苗圃的苗床上加盖约 10 厘米厚的沙作催芽床，并在苗床上方加盖遮光度为 60%～70%的遮光网作临时荫棚。

(2) 剥壳 用枝剪夹住种蒂靠近腹肩部分，沿着缝合线向下扭转，种壳便会裂开，再将另一侧的种壳撕开，便可取出种仁。选择健康、新鲜、完整的种子，剔除变坏或干瘪的种仁，并用 800～1 000倍的多菌灵或硫菌灵进行杀菌处理，待种子晾干水分后即可播种。

(3) 催芽 将种仁按种脐向下，一个一个地紧挨排列在砂床上，再用细沙覆盖，厚度以高于种子 1～2 厘米为宜。然后充分喷湿砂床，以后每天喷水 1～2 次，保持砂床湿润。如果盖膜遮阴保湿，可 3～5 天淋水 1 次，以不干燥为宜。

7. 芒果苗如何进行分床和移植？

经过催芽，一般 10 天左右种子开始发芽，15～18 天达到出芽盛期，25 天后幼苗基本出齐，幼苗呈红色，叶片尚未展开即可分床移植，此时移苗的成活率最高。多胚型的种子每个可分出 3～4 株苗，大小苗应稍加分级，剔除弱苗，单胚型种子苗移植时间可以稍迟。移植规格为 25 厘米×（15～20）厘米，每亩可育苗 8 000～10 000 株。

移苗时，用牙签小心将小苗连同种仁取出后移入苗床。有些芒

果品种多胚，1 个种子可长出 2 株或更多的小苗，为增加苗数，并使苗木生长健壮，可将小苗连同所附的胚乳小心分株，分出的苗必须保持子叶和根系完整，如果子叶脱落则难以成活。移栽时根系要舒展，如主根过长，可以适当短截，但根长不宜小于 10 厘米。覆土以齐苗根颈为好，同时应填入细碎的表土并压实，使土壤与根系充分接触。为了提高苗木生长的整齐度和成活率，移苗时要分批进行；选择生长一致的苗移栽于同一苗床，弱苗、小苗应另床栽培。现各地较普遍使用营养袋育苗，此方法移植的成功率高，苗木生长较整齐一致，便于管理，并有利于苗木出圃和提高定植成活率。具体操作是：选用直径为 22～24 厘米、高度为 25～30 厘米的塑料育苗袋，装入营养土，营养土为 2/3 的土壤和 1/3 的腐熟的农家肥混合，然后将催芽后的幼苗移植到育苗袋中，管理方法与苗床管理基本一致。单胚种子也可将种子直接播于育苗袋中。

8. 芒果实生苗管理应注意什么问题？

（1）淋水与施肥　移植后，需及时淋水，保持苗床湿润，使幼苗尽快恢复生长并抽出新梢。幼苗每抽 1 次梢，需施肥 1 次，开始时，按照 1 份腐熟的农家肥，加 4～5 份水的比例施肥，以后浓度可逐渐提高到 1 份腐熟的农家肥，加 2～3 份水，也可施用 1%的尿素水溶液。施肥前应除草、松土。在天气干燥时，应及时淋水，以保证小苗快速生长。在 11 月后应停止施肥，只继续保持水分供应，以免抽出大量冬梢，不利于小苗过冬。

（2）防治病虫害　幼苗期主要的病害有炭疽病、叶斑病等，可用多菌灵和波尔多液防治；主要虫害是芒果横线尾夜蛾、切叶象甲、叶瘿蚊等，一般在新梢萌动时，喷洒敌敌畏或敌百虫 800～1 000倍液，每隔 7～10 天喷 1 次，连续喷洒 2～3 次。嫩梢抽出后，雨天易发生炭疽病，可在雨后喷 1 次多菌灵或氢氧化铜等杀菌剂。

（3）遮阴　最好选择阴天移植幼苗，生长未超过 3 个月的幼苗，组织较细嫩，易被烈日高温灼伤而枯死。用50%～60%的黑色遮阳网做荫棚，以防日灼伤，这样可提高成活率，有利于幼苗生长。一般遮阴至幼苗叶片转为深绿色为止，时间大约为移植后1个月。但遮阴时间不宜超过5个月，否则影响幼苗正常生长。

9. 芒果什么时候嫁接成活率较高?

当砧木培育到径粗1～1.2厘米时，便可以进行嫁接。砧木过大会造成苗床遮阴度大，影响嫁接成活率。

影响芒果嫁接成活率的最主要气象因素是温度。据研究，当气温低于19.6℃时，不宜嫁接，芒果枝接一般在气温高于20℃时，嫁接成活率高；一年当中以4～6月嫁接最好，成活率通常在90%以上，8～9月次之，成活率可达87.5%。广西地区11月至翌年2月不宜嫁接，此时期低温、干旱，嫁接成活率低；而7月高温多雨，且忽干忽湿，苗木生长旺盛，嫁接后愈合快，但是高温骤雨易造成接穗严重死亡或是砧木回枯，亦不好嫁接成活。据研究，芒果嫁接以3～11月较好，成活率为92%～100%；12月嫁接成活率只有33.3%，而11月至翌年1月嫁接成活率极低。

10. 影响芒果嫁接成活率的因素有哪些?

(1) 砧木和接穗的亲和力 这是决定嫁接成活的主要因素。亲和力是指砧木和接穗嫁接后在内部组织结构、生理和遗传特性方面差异程度的大小，差异越大，亲和力越弱，嫁接成活的可能性较小。亲和力的强弱与植物亲缘关系的远近有关，亲缘关系越近，亲和力越强。一般用作砧木的芒果品种为本地土芒，优良品种作接穗，嫁接亲和力强，嫁接成活率高。用扁桃嫁接芒果品种成活率低，就是因为扁桃与芒果为不同的种。

(2) 嫁接时期 嫁接成败，和气温、土温及砧木与接穗的活跃状态密切相关。春季嫁接过早，温度较低，砧木形成层刚刚开始活

动，愈合组织增生慢，嫁接不易愈合。芒果嫁接最适气温为25～30℃，此时正处于活跃阶段，嫁接易成活。温度过高或过低都不利于芒果的嫁接。在广西地区，一般选择在4～5月进行嫁接，成活率能保证在85%，而在温度较高的6～9月，嫁接成活率则低于50%。

(3) 嫁接技术　嫁接技术的优劣直接影响接口切削的平滑程度和嫁接速度。如果削苗不平滑，隔膜形成较厚，突破不易，则影响愈合。嫁接速度快而熟练，可避免削面风干或氧化变色，则嫁接成活率高。嫁接刀的锋利程度的高低影响削面的平滑程度。嫁接前磨利嫁接刀，可以起到事半功倍的作用。另外，将接穗与砧木绑在一起的塑料袋如绑扎不紧，也影响着嫁接成活率。

(4) 砧木和接穗的质量　形成愈合组织需要一定的养分，凡是接穗与砧木贮有较多的养分的，嫁接易成活。在生长期，砧木与接穗木质化程度较高，在一般的温度和湿度条件下易成活，因此嫁接宜选用生长充实的枝条作为接穗，在一条接穗上宜选用生长充实的上部枝段用于嫁接，这样不但成活率高，而且出芽也快，新芽也较粗壮。

11. 怎样采集和保存芒果接穗？

接穗的采集很重要，生产上应从良种母本园采集接穗，如无母本园，也可从经过鉴定的确认是该品种的成年母树上采取。采接穗的母本树必须是品种纯正、生长旺盛的无病虫害的植株，从母本树上选择健壮、充实、芽眼饱满的1～2年生枝条作接穗。老龄树的枝条，受病虫害严重的枝条，正在开花、挂果或刚采果的枝条均不宜选作接穗。秋接以当年生春、夏梢为好，春夏接以头一年秋梢或当年停止生长的春梢为好。

接穗枝条采后将叶片剪去，不要用手剥落叶片，以防剥伤叶芽。接穗应该按照品种包扎作记号，以防止品种混乱。及时嫁接，成活率较高；如需3天左右远程运输，可将枝条装入乙烯薄膜袋中，然后保湿装箱，在运输过程中要注意避免高温和日晒，到达目的地后即开箱，用清水洗净枝条藏于干净的细沙中备用。就地取用接穗，可提前 1～2 周将接穗上的叶片减掉，待其叶柄脱落、芽眼饱满时，剪下嫁接，可提高嫁接成活率和提早抽梢。

12. 芒果常用的嫁接方法有哪些?

芒果嫁接的方法很多，主要分为三类，即芽接法、枝接法和胚接法。枝接法包括切接、靠接、腹接、嵌接和舌接法。据报道，印度多用靠接，近年来改用腹接和切接，还有用嫩芽上胚轴接，美国佛罗里达州采用盾形芽接和嵌接。我国目前生产上应用较多的、较普遍的是补片芽接法、切接法和胚接法。

13. 什么是补片芽接法?

我国芒果各大生产基地多用此方法嫁接。其优点是，接合面愈合快而牢固，接穗利用率高，嫁接成活以前不需要剪去砧木以上部分，因而对砧木的损伤极小，一次没有接活的砧木，可以多次再接。但是此方法接穗抽生较慢，初期生长较弱，操作技术比较难掌握。操作方式如下：

(1) 开芽接位　嫁接时要求嫁接砧木直径在 0.8 厘米以上，砧木过细，嫁接成活率低，且不易操作。嫁接部位一般在距实生苗根部以上 20～30 厘米处，最高不宜超过 40 厘米，芽接位一般宽为 0.8～1 厘米，长 2～3.5 厘米，深度以刻至形成层为止，然后将芽接部位的皮层大部分切除，仅留小部分。若砧木是茎大于 2 厘米的老苗或高接换冠树，芽接位可提高到半木栓化的茎干或分枝上，并将芽接位加大 1/2～1 倍。

(2) 削芽片　选接穗（1～2 年生半木栓化枝条）上部饱满的芽，以芽为中心，在其周围刻切一条长 2～3 厘米、宽 0.6～0.8 厘米的芽条块，深至木质部，将刀口平插于切口的右边，用力向

左推，再用刀插入左边口向右推，如此便取下一长方形不带木质部的芽片，这种削芽片的方法适用于较粗且形成层较厚的2年生枝条。而1年生且形成层较薄的老熟枝条，可用刀削长3～5厘米带木质部的芽片，左手将皮层固定，右手将木质部拉弯，使其与皮层脱离，再把剩下的芽片切成比芽位略窄、略短的长方形片。

(3) 安放芽片及绑扎　将剥下的芽片顺向放在芽接位的中下部，下端插入腹囊皮中，使其稳定上端及两侧与砧木切口相吻合或留下少许间隙，然后用聚乙烯薄膜（宽1厘米左右，长度根据砧木宽度而定），从上部或下部开始，将芽片均匀地绑至完全密封为止。

(4) 解绑和剪砧　嫁接20～30天后，可用刀在接口侧切绑带，再过一周后，如芽片仍保持绿色，则可在接口上方1～2厘米处剪去砧木，如果芽片变黑，表明没有成活，可在原接口背面或下方补接。

14. 什么是切接法?

切接法是目前生产上使用最普遍的嫁接方法。其操作比较简单，易掌握。嫁接后萌发快，生长迅速。其优点是能利用较幼嫩的接穗；不受物候期和剥皮难易的影响；只要温度条件允许，任何时候都可以嫁接；成活后抽芽快、愈合快、成苗快。

(1) 切削砧木　在离地面30～50厘米处将砧木剪断，然后向下削一个长约2厘米的平直切口，深度以削去少部分木质部为宜，然后将带少许木质部的皮层切去2/3。

(2) 削接穗　用与砧木粗度相近的枝条（宜小不宜大），选1～2个芽作一段接穗切木，将其一侧从上至下平滑削一切口，长与砧木切口相同或稍长些，深至切去少许木质部为宜。在切口背面末端削成45°斜口。

(3) 安放接穗及绑片　将接穗放入砧木切位，使接穗与砧木切口的皮层相吻合（如果接穗较小，将其一边的皮层与砧木的皮层对齐），然后用超薄膜将吻合部分先绑紧，再将接穗密封包扎好。使用超薄膜无需解绑，芽可穿过薄膜而出。但随着枝条的生长，薄膜可能会影响枝条的变粗变壮，因此在芽条抽生较大时，应择时解绑。

15. 什么是胚接法？

胚接法又称为上胚轴芽接，近年来已大规模用于芒果的快速育苗。此方法可以将育苗期由原来的 1.5～2.5 年缩短至 3～6 个月。缩短了育苗期，降低了成本，且嫁接成活率最高可超过 90%。主要操作方法是：

（1）砧木准备 将砧木种子去壳后插于砂床中，待种子发芽出土后 3～5 天，即幼苗胚茎高 8～10 厘米、叶片尚未展开时，取出洗去根部沙粒，放于室内水盘或湿布中待用。

（2）采取接穗 剪取刚停止转绿的、粗度为 0.8 厘米以下的不剪叶枝条运回室内，将枝条剪成每段保留 5 片叶、剪去 1/2～2/3 叶的 10 厘米左右的枝段于水桶中保湿。

（3）嫁接 嫁接方法可选用劈接和合接。劈接为：将砧木幼茎对半切开，切口长 2.5～3.0 厘米，将接穗削成等长楔形，插入砧木，用塑料袋绑紧切口，再用保鲜薄膜袋套上，将接穗部分密封保湿，放于 50%～70%遮阴度的黑色遮阴网下种植。合接为：将砧木与接穗各削成长 3 厘米的斜面，然后用弹性较好的塑料带绑紧砧木和接穗即可。由于砧木茎是初生组织细胞，随时形成愈伤组织，因此，对于接穗和砧木不像劈接那样要求两者同等大小、对正形成层，接穗可以比砧木大或是小，砧木与接穗削面大小不完全吻合也可成活。

另外，砧木的苗龄在不影响嫁接的情况下越小越好，嫁接过程中注意砧木、接穗保湿及种植入苗圃后注意遮阴是提高胚接成活率的关键。

16. 嫁接后应如何管理才能够促进嫁接苗的快速生长？

（1）肥水管理与病虫害防治　接芽萌动时，可施用1次速效化肥，或是腐熟的有机水肥，以后每抽一趟梢施肥1次。干旱天气要及时淋水，保持土壤湿润。苗木生长期，一般病害较少。虫害以横线尾夜蛾幼虫为害新梢为主，接芽受害后被蛀空而枯死，或是生长不良。因此，当接穗萌芽时要及时用药，每隔7～10天喷1次，连续喷2～3次，即可保证接芽萌发正常，以后每生长一次枝梢，喷药2～3次。

（2）抹芽　剪砧后，从砧木基部或剪口下方易抽出大量的芽，如不及时抹除，会影响接穗萌芽生长，因此，必须及时地、反复多次地抹除砧木侧芽，促使接穗的萌动和芽的生长。

（3）解绑和补接　用枝接法嫁接时，当芽抽出后，让其穿破薄膜，待芽长出1次梢时再解绑。解绑时用刀片在接口背面一侧将塑料带割断，不要靠近接口，不要割伤树皮。用芽接法时，嫁接3周后，可用嫁接刀在嫁接接口处切开绑带，5天后检查芽片是否成活，若芽片保持绿色，则可在接口上方1厘米处剪去上面砧木，若芽片变为褐色，表明芽片已死，要在接口背面或是下方补接。

17. 苗木出圃应注意什么？

苗木的出圃是育苗工作的最后环节。出圃工作好与坏，直接影响了定植成活率和幼树的生长。因此，在苗木出圃前应对苗木的品种、各级苗木的数量进行调查核实，并与购苗单位商定出圃日期，以便充分做好出圃准备工作。

18. 什么样的苗木才是好苗木？

苗木的好坏，直接影响了定植质量和植株的生长。不合格的苗不应出圃。一般出圃苗木应具备以上条件：第一，品种纯正，不能混杂。第二，嫁接部位始终距离地面 20～30 厘米，砧木和接穗的接口愈合良好。第三，苗木至少有两次枝梢成熟，根系发达，生长健壮，整齐。第四，无严重的病虫害。

19. 怎么确定起苗时期？起苗应怎样做？

起苗时期的确定，除了冬季低温、干旱外，其他各个时期均可出圃，一般以春、秋两季出圃为宜。地苗以春季出圃为主，袋苗因根系完整不易受损，可随时出圃。

起苗方法分为带土和不带土两种。

(1) 带土起苗 带土取苗应在晴天进行。若遇土壤过分干旱，应充分灌水，待土壤稍疏松、干爽后即可起苗。起苗时保留直径 15～18 厘米、高度为 20～25 厘米的泥团，并将泥团包扎好，避免根系损伤和土团碰散，剪除生长不充实的枝梢和 1/3 的叶片。

(2) 不带土起苗 起苗前 1 天应灌透水，否则起苗时容易损伤根系。起苗前先将嫩梢剪去，也剪去 2/3 的叶子，挖苗时应尽量避免根系损伤，并用泥浆灌根。每 30～50 株绑捆一扎，用稻草或薄膜包裹根系保湿。

如果用营养袋育苗，应在嫁接成活后，把苗木移入遮阴棚培养，待苗恢复长势后再出圃。出圃时剪去少许叶片，不要碰散袋苗泥土，以保证种植的成活率。

第二篇 园地建设篇

20. 新建芒果果园如何选地？

芒果是多年生的热带果树，经济寿命长，一般在定植后3～4年开始结果，产果期高达几十年。因此，在建园前必须根据芒果的生长特点和对环境条件的要求，选择适宜的地点建园，并对不同类型的园地进行全面的规划，合理设置各种田间设施，选择适宜品种，为芒果的生长和结果创造良好的条件。

芒果园地的选择，一般以气候温暖，冬春季干旱，无阴雨、霜冻的地区为宜。芒果园可建在丘陵地，亦可选在平地。丘陵地果园宜选择向阳，坡度小于20°，土层深厚、土质疏松、较肥沃、微酸至中性，排水良好的地方建园，平地建园要选择地势较开阔、地下水位低（在1.8米以下）、无硬底层、排水方便的地方。低洼地易积聚冷空气，并且排水差，不宜作芒果园。

21. 新建果园应如何进行规划和设计？

（1）果园小区的规划 果园大小应视发展规模、立地环境和地貌而定。自然条件良好的平地果园，小区面积可在3公顷左右，如果受条件限制，小区面积亦可在2公顷以下。每小区应备有建筑工具以及肥料仓库、水池、住房等。

（2）肥水设施 果园里应规划肥水池，作为蓄水灌溉和沤制水肥用。也可用简单的储水桶设备，便于日常的灌溉、喷药和施肥。如果采用水肥一体化设备，应在坡顶建立蓄水池与溶肥池，并按规格铺设滴灌管道。

（3）道路 果园道路的设置应与小区的划分相结合，并由主道、支道和便道组成。平地果园，主道宽 4～6 米，可行驶汽车，一般在果园里的中部，贯穿每个小区地段。支道宽 3～4 米，可行驶拖拉机，一般设在两区之间，并与主道相连接。便道宽 1～2 米，可行驶手推车，或单人行走，并与支道连接，一般在果树行间加宽便可。

山地果园，主道可环山而上，或成 Z 形，支道基本沿等高线修筑，便道可用梯田边梗，不用另设。

（4）防护林 防护林不但可以降低风速，减少风害，而且可以调节气温湿度，改善果园的小气候。防护林主要有水源林和防风林。山地果园一般在山顶分水岭上种植水源林或在果园四周，特别是北面种植防风林。平地果园一般在主道和支道两旁种上带刺矮生植物作防风林，既可防风，又能护果。

22. 如何选择适宜的芒果品种？

品种选择直接关系到芒果商品生产的成败。在选择品种时，要考虑到芒果品种的生物学特性、适宜性、经济效益及市场竞争力等诸多因素。因此，种植芒果时，不但要考虑果实的品质，更重要的是要考虑能够年年结果，同时还要考虑早、中、晚熟品种的搭配，得到较长的供果期，以延长鲜果的上市时间。距城市较近的果园，交通运输条件较好，一般多以销售鲜果为主，品种应适当多样化，做到早、中、晚熟品种适当搭配。加工品种，一般以高产、果大、利用率高的为宜。在早春低温阴雨较多的地区，应以迟花晚熟品种为主。在同一果园中配置多个品种时，不应将各个品种混种在一起，每个品种应分片种植，以便管理。

23. 怎么样确定芒果种植密度？

芒果的种植密度依品种特性和栽培管理水平而定，土壤较肥沃、管理水平较高、气候条件有利于芒果生长或植株高大的品种，种植密度应稍大些，反之则应小一些。传统种植采用疏植法，株行距为6米×8米，亩植14株，植株高大，产出晚，不易实施树冠管理，产量低，不规则结果现象严重。近年来，芒果种植多以矮化密植栽培为主。芒果是喜温好阳的果树，合理密植可以充分利用阳光、空间和土地，能迅速提高叶面积指数，增加植株的光合速率和光合产物的积累，提高早期的产量和收益。目前，芒果种植一般株行距为3～3.5米×3～4米，亩植48～74株。为了获得早期丰产，在种植时也可以有计划地增大密度，但在正常投产一定时间后，一般在结果后3～5年，要适当移疏或间伐部分植株。

24. 定植前应作什么准备？

(1) 定标　平地果园以道路为基线，各种植行与道路平行或垂直，并根据种植密度确立定植穴，然后再用石灰或竹签做好标记。山地果园首先要取定能环贯全山的第一条等高线，然后按等高线向上或向下测出各级梯田的位置，开好梯田后，视坡度大小、梯面宽窄来确定株行距。

(2) 挖穴　定植穴一般要求在定植前半年挖好，其长、宽、深分别为1米、1米、0.8米。连片果园可采用机械挖穴。山地果园，如需挖壕沟，则在沿梯田内侧等距离的地方挖沟，在定植前再按株行距定出种植穴。

(3) 施基肥与填土　定植穴挖好之后，要填满表土、杂草、农家肥等。填穴方法：首先将杂草或绿肥，放在坑底，厚度30厘米左右，撒少许石灰，再填入20厘米左右的表土，然后加入腐熟农家肥25千克、过磷酸钙0.5～1千克，并与部分表土在植穴内充分混合，最后填土筑成高出地面 30 厘米左右的土堆，以便疏松的土壤与肥料沉实。

25. 什么时间定植较好?

生产上多选择春植，一般为 3～5 月，此时气温逐渐回升，湿度较大，芒果易生根，成活率较高。裸根苗应在此时种植。其次是秋植，一般在 9～11 月，此时气温逐渐下降，但地温尚高，根系活动较强，苗木也易成活，此时宜选用两蓬叶以上的营养袋嫁接苗为好。但是夏天（右江河谷地区 6～8 月），高温多雨，光照强烈，蒸发量大，一般种植裸根苗较难成活，可选用 2 次梢以上老熟的营养袋嫁接苗定植。

26. 定植时应注意什么问题?

定植时在种植穴中部挖一个 V 形穴，深约 30 厘米，这要按照苗木根系长短而定，将苗放入，若是裸根苗，须将根系完全舒展开才覆土，并轻轻压实，若是营养袋实生苗，要将营养袋撕破取出后再覆土，然后在树干周围培土成蝶形土堆。培土时，不宜太高，土层以高出根颈少许即可。植苗后要淋足定根水，并用草覆盖树盘，以防水分蒸发，以后视天气情况适时淋水，直到苗木成活发芽。裸根苗定植要将叶片剪去 2/3，每 2～3 天淋水 1 次，如果遇上连续晴天，还应适当遮阴，以提高成活率。

第三篇 整形和修剪篇

27. 为什么要进行芒果的整形和修剪?

整形修剪的目的是使芒果具有良好的树体结构，树冠的骨干枝和各级分枝分布合理、均匀，通风透光性良好，利于早结果及丰产稳产。一般来说，整形是指自定植开始至开花结果前把幼树整理成理想形状；修剪是在整形的基础上修剪枝条，维持树冠的合理结构，控制树体高度，造就一个充分利用空间和阳光、调节生长与发育节奏和便于作业管理的树型。

按照不同品种的特性、种植形式的密度、水肥管理等因素来考虑确定树形、修剪方法和强度；树形矮化，一般控制在 2.5～3 米，树体结构要层次分明，充分利用空间和阳光，又具有通透性；修剪整形必须与水肥管理密切配合，才能达到预期效果。

整形修剪可调整果实个体与群体结构，提高光能利用率，创造较好的微域气候条件，更有效利用空间，协调生长与结果、衰老与复壮之间的矛盾和树体各部分、各器官之间的平衡。通过整形修剪能缩短芒果的非生产期，达到早结丰产的目的；可以调节生长和结果的矛盾，使各年产量比较平衡；可以矮化树形，便于管理。花芽分化前的修剪可增加树冠的通风透光性，利于花芽分化和开花结果；果实发育期的修剪能调节果实发育和枝条生长的矛盾，提高果实品质。

28. 幼年芒果应该怎么样整形才能形成高产树形？

芒果树喜温好阳，速生快长，枝多叶茂。在种植密度较高的情况下，要使芒果树体有一个良好合理的结构，自幼苗期或定植成活后，就要进行适当的整形、修剪，使枝条分布合理，树体透光良好，既有利于营养生长，又有利于开花结果，形成早结、丰产、稳产的树形。

芒果从定植当年开始必须进行整形。芒果幼年树生长快，一年内至少可抽生4～5次梢，因此树冠易成型，如不进行整形修剪，易形成密集的圆头形树冠或部分无层次的中心主干型树冠，树体通透性差，病虫害严重，挂果后果实商品率低。而通过整形修剪，可使幼树在早期形成紧凑、立体结果的树冠。目前，生产上常用的树形有3种：自然圆头形、中心主干形（分层塔形）和自然扇形。

①自然圆头形整形方法。植株定植后，长至60～70厘米高时，剪顶定主干。留3条主枝，剪除其余枝，主枝基角为45°～50°，均匀分布，在其上各着生2条侧枝，第一侧枝距主干30～40厘米，第二侧枝距主枝25～35厘米，也可根据枝梢生长情况剪顶分枝，并在其上各再培育出2条侧枝，如此反复，可形成圆头形树冠。此树形没有明显中心主干，叶层越厚。

②中心主干形整形方法。植株长至60～70厘米高时定干，定干的同时将一条分枝树立向上，作为中心主干。第一层主枝3条，均匀分布，各层侧枝的培育与圆头形树形类同，主干长至距第一层主枝1.2～1.5米时，剪顶分枝，培育第二层主枝。第二层主枝留3～4条，其上各着生侧枝2～3条，距第二主枝20厘米左右。此树有1条明显的直立向上的中心主干，树冠形成上小下大的2个叶幕层。

③自然扇形整形方法。在苗高50～90厘米时摘心，促进分枝，留3条主枝，1条向上生长作为中心主干，2条生长势均匀、对称、

与行间形成15°角的分枝作主枝，形成第一层主枝。主枝伸长后，在离主干45～60厘米处保留2～3个侧枝作第一层副主枝，中间1条作主枝延伸枝，其余2条向两边延伸，待延伸枝伸长后，相隔45～60厘米留第二层主枝，当中心枝长至100～120厘米时留第二层主枝，第二层主枝与第一层主枝呈斜十字形，与行间也成15°夹角，但方向与第一层相交错。在副主枝上长出较密、交叉、重叠的枝条后应疏除。此树形有中心主干，树冠投影成椭圆形，保留较大的行间，适于矮化密植集约化栽培，利于行间通风透光，但整形修剪技术要求较高，且较费工。

据研究，芒果定植后，如果栽培管理正常，无论是圆头形树冠还是中心主干形树冠，一般第三年都可形成早结树冠。但中心主干形整形技术不易掌握，且定干时，需一根竹子作支柱用来牵引中心主干，费工，投资较圆头形整形略高。

29. 常用的修剪方法有哪些？

(1) 短截　又称为短剪，即剪去枝梢的一部分。它可增加分枝，促进枝梢生长和更新复壮，改变不同枝梢间顶端的部位，从而改变顶端优势的部位，调节主枝的平衡。它可分为轻短截、中短截和重短截3种，轻短截（彩图16）为剪去枝条顶端部分密节芽，促进分枝。中短截为剪去枝条顶端全部密节芽，留下枝的中部芽，剪去可萌发分枝1～3条。重短截（彩图17）为在枝条下部的弱芽处短截，剪后常常仅发1～2条弱枝或是不发枝。这3种短截影响着抽枝的多少和长短，在生产上应根据树体状况采用。

(2) 疏剪（彩图18、彩图19）　又称为疏删，即将枝梢从基部疏除。它的作用为减少分枝，利于树冠内的通风透光，促进花芽分化与结果，削弱树整体或母枝势力，调节整体和树冠局部的生长势，在母枝上形成伤口，影响营养物质的运输，控制营养生长，促进生殖生长，因此可采用疏剪来控制旺长树。

(3) 摘心（彩图20）　摘心是指新梢长到一定程度时将其顶

端最嫩部分用手摘去或用剪子剪断。摘心可以暂时提高植株各器官的生理活性，增加营养积累；改变营养物质的运转方向，转运向其他生长点；摘心削弱顶端生长，促进分枝，促使二次梢生长，达到快速整形，加快枝组形成或增加分枝数；促使芽充实和形成花芽，提早结果，并提高坐果率。在芒果幼树整形时常用摘心来促进分枝。

（4）除萌（彩图21） 抹除嫩芽称为除萌或抹芽。新梢在刚萌芽不久即将不需要的芽、嫩梢抹去，以免消耗过多的养分，促进留下来的枝梢健壮生长，特别是在老树更新、高接换种时采用嫁接技术，应及时抹芽以节约养分，促进有用枝梢生长。

（5）环割 环割是将枝干的韧皮部剥去一环。主要作用就是中断有机物质向下运输，能暂时增加环剥以上部位碳水化合物的积累，使生长素含量下降，乙烯、脱落酸增多，因此可抑制营养生长，促进生殖生长。在芒果生产上对营养生长过旺的树可采用环剥来达到促进花芽分化、利于花芽形成的目的。环剥的时间和宽度要适当，一般环剥宽度为被剥枝直径的1/5～1/3，否则达不到预期效果。

另外，弯枝、扭枝、刻伤、断根、去叶等也是修剪措施，需要时可适当采用。

30. 幼年芒果树整形时一般采用的修剪方法有哪些？

芒果幼树的修剪多采用轻剪，以便于加快生长，加快分枝，尽快扩大树冠，形成优良树形。根据整形的需要，在整个生长季均可施行各种修剪，修剪以抹芽、摘心、轻短剪为主。

（1）除萌 在萌芽初期，把一些过多的、特别是抽生早的芽用手抹去，使养分集中于留芽上，一般留芽为2～3个，促进留下的嫩梢生长健壮。抹芽一般在芽长不足3厘米时抹除为好，以减少养分消耗。

(2) 摘心　在新梢长至一定长度时，用手摘除顶部幼嫩部分，可促使侧芽萌动，缓和被摘心枝条的生长势，使其他分枝之间生长势均匀。

(3) 短截　枝条老熟后，用枝剪将枝条顶端的密节芽剪去，促梢分枝。

31. 芒果修剪的原则是什么?

在一般栽培条件下，芒果开始结果时，树冠的整个形状已经基本完成。此时应根据树体具体情况进行适当修剪。合理修剪可使果园构成坚固、通透性良好的骨架，能承受大量的结果负荷，又能减少病虫的侵害，还能使结果部位均匀，形成立体化结果，从而提高产量。

(1) 幼年芒果结果树修剪　一般情况下，芒果定植后的第三年就可结果，结果的前1～3年树冠较小，未达到郁闭封行，一般不需要进行重修剪。芒果枝上芽的抑制性很强，顶芽健壮，多萌发壮梢、长梢，其下的几个芽次之，越往枝条基部，节间越稀，芽越不充实。同时，下部位萌发所需要的时间长，抽出的新梢细弱，生长量少。故采果后，一般只疏掉部分过密和细弱的枝条，剪除挂果枝条，促使枝条早萌发，使得留芽健壮。

幼年果树修剪的轻重，可根据植株结果量而定。小年或结果不多的旺壮树，可在结果初期疏掉部分枝条，削弱营养生长，并可防止落果。同时还可以减轻采果后的修剪。在结果枝中，一般以直径为0.8厘米的枝条结果较多，1厘米以上的枝条结果较少，甚至不结果。故生长势过旺过强的枝条的存在会影响结果枝的生长发育，扰乱树形，这种枝条应予短剪，以促进分枝，增加末级枝数，扩大翌年的结果面积。

(2) 成年结果树修剪　种植较密的果园，植株结果3～4年以后，随着树龄增大，会出现部分植株树冠郁闭，甚至整个果园郁闭的情况。此时的修剪主要是保留结果枝与结果母枝，及时疏除结果能力差的阴弱枝条，疏除或控制直立性强而结果差的徒长枝和强壮枝，弱枝也可摘除或短截复壮，创造一个兼顾结果和生长、通风透气良好的树冠，使植株能保持当年的产量和品质，又为翌年的丰收打基础。

32. 结果树应分几次来进行修剪，具体该怎么修剪？

结果树修剪是在整形基础上整理枝条，增加树体通风透光性，改善光照条件，减少病虫害，调节开花结果与生长的矛盾，改善果实品质、克服大小年结果现象，为丰产优质创造条件。特别是对于矮化密植型果园，枝叶密集，投产2年后就会封行，对结果树的修剪尤为重要。结果树修剪主要分为采果后修剪和生长期修剪。

（1）采果后修剪 在果实采收后的8～9月进行，这次修剪为全年修剪最大的一次，目的就是调整树冠永久性骨干枝的数量和着生角度，使其分布均匀。方法以短截结果母枝为主，并适当剪除过密枝、过多主枝，回缩树冠和树冠间的交叉枝、重叠枝，剪去下垂枝和病虫枝，在果实采收后，由于结果枝弯曲下垂，所以应沿结果枝上较强壮有芽的地方剪断，使其抽生新梢，留取强壮枝作为翌年的结果枝。剪枝时不可以过度短截，否则会影响到翌年的抽穗。树龄在10年以内的结果树，采果后修剪不宜过重，以免影响翌年的产量；树龄在10年以上的树体高大，枝条错乱，不仅影响通风透光，也给管理带来不利影响，因此应及时回缩修剪株间或行间交叉枝条，衰弱、过密、病虫、重叠枝条应疏除，树冠中部的直立型徒长枝条可适当短截或从基部疏除。此次修剪应与施重肥和病虫害防治紧密配合才能取得较好的效果。

（2）生长期修剪 生长期修剪包括秋梢修剪、春夏梢修剪等。主要采取抹芽、疏梢和短截的方法。秋梢修剪：经采果后修剪抽出的秋梢，根据空间位置保留1～3条，将其余的抹去，留下的枝梢长至18～20厘米时短截，促发第二次新梢，以此方法，末级梢留

取18～20厘米、中等粗壮的枝条作为结果母枝，将其余的抹去。春夏梢修剪：在开花不足的小年，春夏梢大量抽生旺长，新梢对营养竞争激烈，导致花序抽生纤弱，坐果率不高，因此，对开花不足50%的芒果树视情况疏枝抹芽，以保证足够的营养促使花序正常抽生。此次修剪在春梢抽出后，即第二次生理落果后（果实有鸡蛋大小时）进行，目的就是为了将未结果的春梢培养为翌年的结果枝，使大量的养分能完全供给果实发育。因此，一方面要选用发育强壮的新梢，剪去过多的纤细枝，另一方面疏去影响果实发育的花梗与枝条，并将畸形果、病虫害果和过小的败育果，减少果实对养分的消耗，减少花梗及枝叶对芒果的摩擦损伤，增加果实的光照，使果实发育均匀，增进果实外观，提高果实品质。为了保证良好的光照条件，培养出克服大小年、保证丰产稳产、具有优良结果性能的树形，对结果树的修剪应该是经常的和必不可少的管理措施。

第四篇　花果管理篇

33. 为什么要进行芒果的控梢和树梢的管理?

芒果采果后经修剪抽出大量秋梢，要培养健壮的结果母枝，必须对秋梢进行修剪，一般采用“去强去弱留中”的办法，在新梢抽出5～10厘米时抹去多余新梢，每枝条只留2～3个梢既可。同时对延长枝或生长不良的枝予以剪除，这样有利于养分集中及保持良好的通风和光照环境。

在广西地区，秋梢生长期最迟也一般不超过11月中旬，11月之后抽出的秋晚梢或早冬梢，一般要摘除。如果不摘除，遇暖冬干旱，以及秋梢或冬梢遇低温期，则易出现早抽花的现象。由于抽花穗过早，遇到春季低温，花穗则易被冻坏，即使开花，由于枝梢养分积累不足，也不能挂果或挂果较少。

34. 哪些因素可有利于芒果的花芽分化?

芒果秋梢成熟后，至抽出花穗之间的时期，为芒果的花芽分化期。芒果只有进行花芽分化，翌年才会抽出花穗，否则就会抽出春梢，严重降低了芒果果实产量，影响生产效益。芒果的花芽分化分为生理分化期和形态分化期。

影响生理分化期的因素有：①适度的低温。国外学者研究表明低温（19℃/白天、13℃/夜间）有利于晚熟芒果花芽分化，高温

(31℃/白天、25℃/夜间) 则对其不利。②适度的干旱。土壤适当干旱 (田间持水量在60%左右) 有利于枝梢生长停滞，细胞液浓度提高，促进花芽分化，水分过多或过于干旱均不利于生理分化。③枝梢光合碳素储备良好。枝梢老熟，树体通风透光，光照充足是良好光合碳素储备的保证。④树体激素平衡。赤霉素不利于花芽分化，细胞分裂素有利于花芽分化。

影响形态分化期的因素有：①温度。研究表明，形态分化期气温在20～28℃为宜，温度过低不利于花芽萌动，温度过高则易冲梢 (抽带叶花穗)。此外，花器官形成期温度低，雄花比例高，适度高温则有利于两性花形成。②充足的水分。土壤水分充足 (田间持水量在80%以上) 促进花穗及时萌动，也利于花器官正常发育。③平衡的树体营养。N过多营养生长过旺，N缺乏则畸形花多，P、K有利于花芽形成，Zn、B有利于花器官发育。

35. 如何运用植物生长调节剂进行促花?

在实际生产中，适龄树不开花是致使芒果低产的重要原因，也是生产中较常见的现象。芒果不开花与重施氮肥、营养生长过旺及暖冬、潮湿的天气有关。为了使适龄芒果能正常开花、结果，在生产上可利用激素和植物生长调节剂调控、养分调控和一些物理措施来促使枝梢及时停止生长，积累足够的养分，及时转入花芽分化和开花。

应用植物生长调节剂来调控芒果的生长、开花、结果，提高产量，是一项有一定成效的技术措施。目前，生产上常用乙烯利、多效唑来调控。现将这两种药物促花的施用情况介绍如下。

(1) 乙烯利　乙烯利进入植株后，缓慢分解释放乙烯，对植物生长发育起调节作用。广西地区一般在11月上旬开始喷施浓度为0.025%的乙烯利，即每桶水 (15千克) 溶入乙烯利8毫升左右，每隔10～15天喷1次，连续喷施3次。

喷施乙烯利后，如果遇到暖冬天气，植株抽发晚秋梢或早冬梢，应及时抹除，并在大寒前追喷1～2次。这样处理后，植株在春季一般能正常开花。

（2）多效唑 多效唑是近年来广泛使用的一种新的低毒、残留期短、残留量少而效果明显的植物生长延缓剂。它能抑制植物体内赤霉素的生物合成，从而抑制植株的营养生长，同时促进其开花结果。据试验表明，9月中旬对4年龄紫花芒每株施用商品量15～20克有效成分为15％的多效唑，能有效促进开花，但抽出的新梢和花穗有缩短现象；每株施用多效唑6～8克，可以有效促进开花，而且抽出的新梢、叶片及花穗表现正常，无皱缩现象。

施用多效唑时，应在树冠下开浅环沟，然后将多效唑溶于水，均匀施下，覆土。在施后的10～15天内适当淋水，保持土壤湿润，这样促花效果较明显。

36. 芒果花芽分化期如何进行养分调节？

（1）喷施硝酸钾 喷施硝酸钾可使树体休眠芽提前萌动。据试验表明，在11月上旬开始喷施1.5％硝酸钾，每隔10～15天喷施1次，连续喷施3次，芒果抽穗率为47％，没有喷施的抽穗率为24.6％，其促花效果较乙烯利、多效唑稍差些。

（2）合理施肥 利用施肥来调节芒果的生长和发育是控梢、促花的重要手段之一。不合理的施肥会直接影响芒果开花的数量和质量，甚至影响坐果率和幼果的发育。如果施用氮肥过多，会造成营养生长过旺，植株难以开花；施肥量过少则生长衰弱，会造成早花、早落。芒果植株缺磷则会影响其呼吸强度和造成碳水化合物的转移，从而抑制了氮的吸收和转化。芒果植株缺钾则影响光合作用及新陈代谢的调节和抗逆性。而各种肥料之间又存在相互促进和相互抑制的作用。

芒果要达到年年开花、挂果，采果后应施速效性肥料，以便恢复树势，促使新梢早发、健壮。施肥时，应根据树体前期挂果量、新梢长势等情况酌情确定施肥量，少量多次，施肥量以使树体能正常抽出两次梢为准。施肥后视土壤墒情及时淋水。然后在11月下

旬和12月上旬断根施重肥，一般在距主干50厘米处开沟，结合施肥覆土，以利于树体花芽分化。

此外，施用微量元素，可促进芒果开花和提高花的质量。在开花前、盛花期各喷施1次500倍（0.2%）的硼酸，可诱导植株开花和集中开花，提高坐果率，同时也可预防芒果的缺硼症。

37. 如何应用物理措施进行芒果促花?

环割是一项效果较好的促花物理措施，即将植株的某一部位用刀环割一圈或按一定的深度（一般在0.5～1厘米），上下环割一刀，宽度为1～3厘米。环割分为主干环割（彩图22）和侧枝环割。将中间的树皮剥下，防止光合作用产物向根部运输，而使其在地上部积累，促进花芽分化。广西右江河谷地区一般在11月上中旬开始环割，促花效果较好。幼龄芒果树可在主干上环割，成年芒果树可在主枝上环割。环割的促花效果较好，但是造成树体的伤害，容易出现流胶现象，所以在实际生产中不建议农民朋友使用，而且可能会造成树体死亡。但是有经验的朋友可以视自己果园情况使用。

38. 摘花如何来控制花期?

在花期，芒果对气候条件的要求稍高，一般气温在23～28℃时，利于芒果的授粉坐果。近年来，芒果常有开花后不结果或结果少的现象，主要原因之一是由于盛花期受低温寒害的影响。在广西右江河谷地区，常出现春寒现象，如果开花较早，低温阴雨会严重影响芒果的开花坐果。所以要通过摘花（彩图23）来控制花期，使芒果在适宜的环境下开花，摘花后，在条件适宜的情况下，芒果会抽出再生花序（彩图24）。在12月到翌年的1月，如果遇上高温天气，芒果就会抽出花芽，出现“早花”现象。选择合理的摘花时间和摘花措施，能够起到事半功倍的效果。根据芒果生长特点和广西右江河谷的天气状况，采用1/3摘花措施，能够有效将花期推迟到3～4月，因为这时期的天气比较适合芒果开花坐果，同时避免单批花的气候和市场风险。

所谓“1/3”摘花就是将整个树上的花序分3次摘完。比如一棵树上长有300个花序，每次摘除100个，3次摘完。而且3次摘花分别在3个不同的时期进行，采用不同的摘花方法。具体介绍如下：

第一批：1月下旬，可连顶端密节芽一起剪除。

第二批：2月上旬，自花序基部摘除整个花序。

第三批：2月中下旬，留花序基部1～2厘米（或保留2～3个分枝），将花序顶部摘除。

39. 芒果树上有部分枝梢没有抽花，但其顶端膨大，这是怎么回事？如何才能使其抽花？

当整个树冠大部分枝梢已抽出花序，还有少部分或是几条枝梢没有抽出，而且枝梢顶端出现膨大的现象，这是“大头枝”（彩图25）的症状。芒果在进入花芽分化期的时候，枝梢顶端的芽停止生长，处于休眠状态，进入生理分化期。长时间的休眠很容易使芒果枝梢的顶芽进入到深度休眠的状态，特别是使用多效唑和乙烯利之后，芒果枝梢顶端很难再抽出花芽，可将“大头枝”短截，通过修剪刺激顶芽下部腋芽及时萌动成花。

“大头枝”短截，就是将枝梢的顶芽剪除或是将枝梢顶部的密节芽一起剪除，失去顶端优势，枝梢下部的芽就会抽出，此时抽出的也同样为花芽。同样可以正常开花结果。但是，一定要注意的是分辨清楚是“大头枝”还是未抽花的枝梢。这种方法在右江河谷地区已经有果农尝试使用，效果较好。

40. 如何进行芒果花期枝梢的管理？

在花芽分化前约2个月疏除过密枝、弱枝和病虫枝，每枝只留1～2个梢即可，这样可以增加树冠的透光性，利于养分的集中和

形成良好的通风光照条件，促进花芽分化及防治病虫害。此时进行枝条的修剪主要是为后面的开花和结果创造良好的通风光照环境，但是要注意的是，修剪过密枝、弱枝，并不等同于“打叶”。芒果末级梢上的叶子尽量不要损伤，因为后期芒果果实的生长主要靠枝梢上的叶子制造养分，如果叶子损伤，会影响后期果实的生长发育。有研究显示，母枝上必须有25～30张叶片才能满足一个果实的正常生长。另外，不要疏除过多，以防止由此带来的产量降低、受冻害的风险。

41. 出现了“花带叶”应该怎么办？

在芒果花序抽生后迅速生长时期，一般在2～3月，如果遇上连续的高温天气，芒果花上的叶片就不会自然脱落，而是迅速生长，形成“冲梢”，俗称“花带叶”（彩图26）。由于树体养分充足，加上持续的高温，叶片的生长速度较快，而影响了花器的发育，进而小花逐渐脱落，完全变为枝梢，严重影响植株的产量。所以，必须解决“花带叶”的情况。如果是在1月，可以直接采取摘花的措施，摘掉花序，使其再生，但是到了2～3月，再采取摘花措施，再生花能力较弱。所以，必须采用摘掉小叶的方法。

摘除小叶有两种方法。第一种就是采用人工摘除。由于芒果花序较多，且处于树冠周围，人为摘花操作不便，而且费时费工。第二种方法是采用药剂处理，喷施乙烯利可有效地去除小叶，促进花序的生长。使用量为每桶水（约15千克）加入浓度为40%的乙烯利8～12毫升，每隔3～5天喷1次，连续喷施2次。一定注意在这个浓度范围内，过多过少都会产生不良影响。气温低时用量可多些，气温高时用量可少些。

42. 芒果落果是正常现象吗？

芒果开花坐果之后，会经历两次生理落果高峰。第一次生理落果（彩图27）高峰是在花后3～7天，主要原因是花器官发育不良，子房未授粉或授精不良（低温阴雨影响）。

第二次生理落果（彩图28）主要是由于树体营养不足、内源激素不平衡、营养竞争引起胚胎发育不良造成落果。芒果落果是正常现象，减少芒果的落果是这个时期管理的关键。

43. 如何进行疏果和果枝修剪来促进保果？

在坐果过多、树体负担过重时，正确运用疏果技术，控制坐果数量，使树体合理负担，是调节大小年及提高果实品质的主要措施。成年结果树超量结果可诱导大小年结果现象，且98%的幼果会生理性脱落，最终能维持到采收的果实仅为极少部分。对于结果较多、果实相对较小的品种，在第一次生理落果之后，第二次生理落果之前，即谢花后的15～30天内，亦即在幼果如花生大小时进行疏果，每穗只保留2～4个果实，保留的位置以中央为佳，选择较大、色泽嫩绿、生长活力强的幼果，留下的果实在树冠内及枝条间均匀分布，以果与果之间不紧贴在一起为宜，这样减少了果实，促进留下的果实肥大，并增进其整齐度。此外，在果实生长中期定期疏除部分过密的果、病虫果、畸形果，提高果实品质和商品果率。

芒果在生理落果后，穗轴难以自然脱下，风吹动生长中的果实，易被密集的穗轴或枝条划伤，影响外观；在坐果后，果实穗轴上方会有残留的果梗附着在果点上，遮蔽日照，在果实上形成果梗的疤痕，因此，在幼果至中果期时亦将穗轴及果梗剪除。但是爱文及金煌品种大部分着生于花穗的基部和中部，尾端残留的果穗应予以保留，若剪除使胶乳自伤口流出，污染果面，形成病斑。

摘除夏梢（彩图29）。5～6月是芒果的果实膨大期，果实生长需要大量养分，而此期又是夏梢大量抽发期，也需要消耗大量的养分，为了减少树体枝梢、果实生长之间的竞争，一般在4月应及时摘除抽出的新芽和枝梢，使养分能集中供给果实生长，减少落果，促进果实增大。

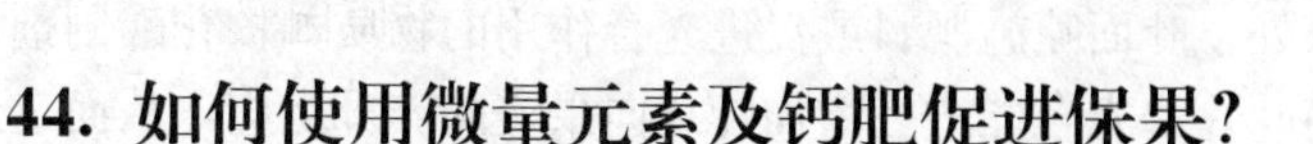

44. 如何使用微量元素及钙肥促进保果？

芒果自开花至幼果期对微量元素及钙的需求量较大，钙是芒果生长中需要量较大的营养物质，它具有调节芒果生长环境，提高果树抗病力的作用，还能减少芒果生理障碍的发生。生产上常通过施用石灰的办法来降低土壤酸度和有害铁、铝、锰的含量，提高钙素水平。研究表明，黏质土果园施用石灰量为 0.95～1.2 千克/株，沙质土果园施用石灰量为 0.62～0.87 千克/株，还可配施移动性较好的硝酸钙，或在开花至坐果期喷施 2%的氯化钙溶液。我国芒果产区养分水平较低的微量元素有锌、硼和铜，由于芒果病虫害防治中，铜剂（如波尔多液、氢氧化铜）使用频繁，不需再使用铜。锌和硼的使用，可在开花前 10 天及盛花期和谢花后喷 1 次 0.2%的硫酸锌和 0.2%的硼砂溶液，以促进授粉和结果。施用时可与病虫害防治时混合于农药中进行叶面喷施，同时配合灌溉。土施时每株 100 克硫酸锌和 50 克硼砂在秋梢萌发前与氮、磷、钾肥配合使用。

45. 如何提高芒果坐果率？

在提高芒果坐果率、药物措施保果增产方面，有研究称，在盛花期开始，每 7～10 天喷 1 次 5～20 毫升/升的 2，4-滴、70 毫升/升的赤霉素，连续喷施 3～4 次，在幼果豌豆大时喷施 30 毫升/升的萘乙酸均能提高坐果率，增产效果明显，特别是 2，4-滴和赤霉素增产达 50%。在印度，在开花前喷施 20 000～25 000 倍的萘乙酸，果实豌豆大时喷施 5 000 倍的矮壮素，能明显减少落果，起到保果的作用；在开花后 40 天，喷 5 000 倍的乙烯利能提高坐果率，在花芽分化期、花序发育期、开花期和子房膨大期各喷 1 次 0.5%磷酸盐加 2%尿素，有明显的增产效果。在芒果谢花后 7～10 天喷 1 次浓度为 50 毫克/升的赤霉素，果实呈黄豆大小时再喷一次浓度为 100 毫克/升的赤霉素，能有效地减少落果。除了直接向果实喷药保果外，叶面喷施肥料或促进光合作用的物质如核苷酸制剂，可以提高叶片的光合能力，增加叶片向果实的养分供应，从而达到保果作用。

46. 怎样运用吊果和套袋技术促进保果？

近年来，种植的芒果多以矮化密植栽培为主，树体挂果后，枝条易下垂，下垂的果穗需要用竹竿撑起，或用绳子拉起（彩图 30），使果实离地面 50 厘米以上，避免杂草等擦伤果实，还要防止果实接近地面因湿度过大而感染病害。

芒果的果实发育期多为高温多雨的季节，果实套袋（彩图 31）是保护果实以避免病虫的最好方法。它既可以减少喷药次数，降低农药残留，防止果皮受药害，减少果实病虫及鸟的危害发生，增加果面蜡粉和光泽，又能防止枝叶擦伤果实和果实间的碰撞和摩擦，提高果实的商品率。并且因降低了药物的成本和劳动力成本，增加收益。据调查，以每亩产 500 千克果实计算，每亩套袋果的收入比不套袋的高 400 元以上。果实套袋对芒果无公害栽培尤为重要，对减少喷药次数和降低农药残留的作用非常大。

芒果袋子的大小因品种而异，果实较小的芒果品种，可选用长 24 厘米、宽 16 厘米的纸袋；对金煌芒、象牙芒等果实较大的品种，可采用长 38 厘米、宽 22 厘米的纸袋。袋子材料可分为白色蜡纸、黑色牛皮纸或银色牛皮纸及无纺布等多种。

套袋时间一般是在坐果基本稳定后进行，即第二次落果结束后果实生长发育到鸡蛋大小时为宜。过早套袋，以后的空袋较多，浪费人力物力；套袋太晚，则起不到套袋应有的效果。一般在谢花后 35 天左右进行套袋。绿黄皮品种采用外黄内黑复合纸双层袋进行套袋，红皮品种一般采用白色单层纸袋进行套袋，也可采用外黄内黑复合纸双层袋，为促进果实着色，需结合采前除袋措施。

套袋方法为：在果实套袋前喷杀菌剂和杀虫剂混合剂，也可将

所用的袋子放入配有杀菌杀虫剂的药液中浸湿后使用，选择发育正常、无病伤的果实逐个套上，注意果袋封口处距果实基部果柄着生点5厘米左右，封口要依层次卷为螺旋状或圆锥状，然后用6～8厘米的长细铁丝扎紧，袋底留漏水孔，以排除袋中积水。

47. 如何防止后期芒果裂果?

芒果裂果以象牙芒最为严重，其他品种在采收前因气候影响，也会出现少量裂果现象，但不十分严重。据研究，导致芒果裂果的主要原因。第一，光照度，树冠光照较强部位裂果率较低，而光照较差的部位裂果率稍高；第二，降水不均导致裂果；第三，在果实生长期间，特别是在坐果后的70～95天的果实膨大期，最易发生裂果；第四是与果实品质有关，肉厚、皮薄、纤维含量少的果实易发生裂果。

有研究称，在3月至4月底，每隔10天灌水1次，可降低芒果果实的裂果率，在坐果后25天和45天各喷施1次浓度为0.015%的赤霉素，可降低芒果果实的裂果率。

48. 如何促进果实的着色，提高果实品质?

有些果皮为红色的品种，如红芒6号、爱文芒果等，在中果期修剪时除去遮蔽果实的阴弱枝、病虫枝等枝条，使果实接受充分的光照，着色均匀。在我国台湾省，在果实套袋之前用70%腈硫醌可湿性粉剂喷1～2次，可使爱文芒外观色泽红润，喷50%苯菌灵可湿性粉剂可促进果皮细嫩及产生果粉，喷80%的硫磺可湿性粉剂，可促进果皮有红黄色的色泽和产生果粉。

49. 如何进行授粉昆虫的饲养来促进坐果?

我国大部分芒果种植区花期恰逢早春的低温阴雨，而芒果开花的适宜温度为20～30℃，低温（15℃以下）使花粉粒不能萌发，不利于芒果的授粉受精，而且芒果授粉昆虫在低温时活动大为减少，芒果的授粉主要靠蝇类（彩图32），占采粉昆虫的80%以上，因此，为配合芒果的花期，可在芒果抽穗时开始饲养蝇类。芒果自抽穗至小花开放需要14～20天，饲养蝇类自产卵到成虫过程也需要14～20天，所以，在抽穗饲养蝇类，待成虫后正逢小花开放，便可获得最佳的授粉效果。饲养方法可在果园里放置猪内脏或是臭鱼，或是用塑料袋吊挂在芒果树上，洒些许清水，引诱蝇类产卵，蝇类中以丽蝇为主，因其活动范围较小，宜每平方米饲养一处。

50. 如何培养结果母枝使其更加健壮，来促进后期坐果？

芒果通常是顶花序，末级梢只要适时老熟均可成为结果母枝开花结果。在我国大部分芒果主产区，丰产树很少抽生春梢和夏梢，因此，一般都以果实采收后抽出的秋梢或早冬梢作为结果母枝。促发适时定植生长的秋梢或早冬梢是培养优良结果母枝的关键。在有些地区，春夏梢可分化成为结果母枝。芒果花穗大多数从上一年最后抽生的枝梢顶端或叶腋抽生。上一年生的枝条无论是一年抽生1次、2次或3次梢的，一般都能抽穗开花。但是连续抽生4次的抽穗率低，应把最后1次抽生的梢摘除，使留下的枝梢老熟，为翌年的抽穗开花积累养分。结果过多的树负重多而下垂，采果后应及时进行适当的修剪并施一次重肥，促进抽发健壮秋梢。在广西地区，采果后修剪要在8月底之前完成，并保证有充足的水肥供应，在花芽分化前枝梢有1～2次抽生，保证花芽分化。

51. 如何进行芒果的采收、贮藏、保鲜？

采收是芒果栽培的最后一个环节，同时又是芒果成为商品的最初一环。适时、正确采收是保证果实风味、贮藏性及商品质量的重

要条件。果实采收过早，则含糖量低，味酸，无香气，风味差，不能反映出品种特性；采收过迟，则容易引起落果、腐烂，影响贮运；粗放采收，则易人为地造成机械损伤，引起伤痕、腐烂。下面分别介绍芒果的采收时间、采收方法。

(1) 采收时间　芒果品种繁多，果实成熟期随着品种不同而异，同一个品种在不同年份、不同地域栽培，其果实成熟期也不完全相同，同一植株，有些果实因开花坐果较早而成熟早，有些因开花坐果迟而成熟迟。因此，芒果采收时间的确定，关键在于把握果实的成熟度。下面介绍几种常见的判断果实采收成熟度的方法。

①外观。果实大小：果实已停止膨大生长，达到该品种的一般大小。果皮颜色：果实成熟时，各品种的果皮颜色基本一致，即果皮由青绿色转为淡绿色，出现白蜡层，果面光亮，向阳部分出现黄绿色。果肩形态：成熟的果实果肩发育饱满，圆浑，具有该品种的特性。果肉颜色：果实成熟时，近核处果肉由乳白色变为淡黄色。

②果蒂液汁颜色。将树上不同类型的果实摘下，然后用刀在果蒂膨大处横切，观察液汁情况。如果液汁喷射出来，而且很稀，则表示果实只有七成熟左右，不宜采收；如果切后流出白色液汁，则表示果实已有八成熟以上，即可采收；如果切后果蒂没有液汁流出，则表示果实已经完全成熟，采摘后2～4天即可软熟。

③果实生长期。同一品种，在同一地区的相同生态条件下，生长期大致都有一定的天数，早熟品种一般在谢花后85～110天，果实成熟；迟熟品种一般在花后130～150天，果实成熟。

④果实比重、硬度及可溶性固形物含量。果实比重：果实成熟时比重一般在1.01～1.02，比水略大，如果把果实放水中，果实未露出水面，则已成熟，否则尚未成熟。果实硬度：果实成熟时，用手触摸、有坚实感。也可用水果硬度计测定，成熟果硬度一般在0.172～0.196兆帕（1.75～2千克/厘米^2）。可溶性固形物：品种不同，果实成熟时的可溶性固形物含量不同。紫花芒、桂香芒果实可溶性固形物达到10%左右时，即可采收；吕宋芒可溶性固形物达到7%～8%时，即可采收。

以上 4 种方法，可以较直观地判断果实成熟度，但运用某一单项指标来判断成熟度，往往不太准确，因此，应全面地综合应用 4 种方法，并不断积累经验，才能较准确地判断果实采收期。

（2）采收方法 芒果果皮薄质脆，易破损，采收时应轻拿轻放。有人形容，采芒果要像拿鸡蛋那样小心，是毫不过分的。采收时要做到一果二剪，即把果实从树上留下果柄大约 5 厘米处剪下来，运到贮存处理场所后再剪留果柄剩 0.5 厘米。放置时将果实果蒂朝下，防止乳胶倒流污染果面。采下的果实放在光滑、柔软的容器中，避免使用竹箩、竹筐。采收时间最好在 9～11 时和 16 时以后；下雨天不宜采收。采收后应立即将果实送到贮存处理场所，不宜放在太阳下暴晒。

52. 应该如何进行芒果的分级?

芒果分级的目的是使之达到商品标准化。由于在果实发育过程中，受外界因素影响，同一品种甚至同一植株上的芒果果实大小及受病虫危害程度不同。通过分级处理，不仅便于包装贮存、销售，还可以实行优质优价，提高果实的商品性。目前，我国尚无统一的芒果分级标准，下面介绍李桂生等提出的标准，应用时可作为参考：

（1）一级果 果实丰满，光洁，鲜艳，并具有该品种特有的颜色和果形，果实中等大。病虫伤痕斑点 1～3 个，总斑面积不超过 1 厘米^2。

（2）二级果 果皮色泽较淡，果实有微小变形，特大果至中等偏小的果，伤痕斑点 3～10 个，总斑面积不超过果皮面积的 10%。

（3）三级果 果色较差，果实有变形，伤痕斑点 10 个以上，或有较多的黑色小点，总斑面积不超过果皮面积的 20%。

第五篇　水肥管理篇

53. 幼年树应如何进行土壤管理?

幼年树芒果果园的土壤管理是一项很重要的工作。一方面要考虑改良土壤为逐年增大的植株创造良好的土壤条件，另一方面要考虑在树冠未封行前实行间种，以提高土地的利用率，增加果园的前期效益。

(1) 间作、覆盖与除草　芒果定植后的前两年内，由于树冠与根分布范围较窄，株行距较大，其行间可间作豆科作物及绿肥、木瓜、菠萝等生长期较短的作物。近年来一些新建果园引种一种新的绿肥作物——格拉姆柱花草作为间作植物。该草根系发达，有根瘤，以宿根越冬，一般在春季播种或扦插，当年覆盖率可达60%～75%，地上部割下后，可用作深翻压绿，也可作为饲料用。有实验证明，格拉姆柱花草可影响土壤的理化性质，对提高土壤有机质含量效果显著。另外，此草在7～8月高温多雨时，生长旺盛，由于该草覆盖可使土温降低，有利于植株根系的生长，还可以防止水土流失。

丘陵山地果园，土壤贫瘠，有机质匮乏，水土流失严重，幼年树芒果果园间作作物最好选择格拉姆柱花草。这样既可减少水土流失，又可增加土壤有机质，同时也可减轻叶焦病的发生。

幼年树果园除间作外，还可采用果园生草覆盖法。即树盘定期除草，行间生草，用割草机或镰刀割至离地面3厘米左右。根据经验总结，芒果果园内生草覆盖法只适宜结果前的幼年阶段。成年结果园，特别是植株开花坐果期，应定期除草，以提高果园的通透性，降低果园内的湿度，减少病虫害的发生，同时也可避免杂草与下垂果接触，减少果实的机械损伤，提高果实的商品率。

芒果园除草可用人工铲除，也可用除草剂。常用的除草剂有草甘膦、百草枯等。种植 1～2 年的幼年芒果树对除草较敏感，使用时要特别注意，尽量不要喷到树体上，防止产生药害。

（2）扩穴改土（彩图 33） 创造良好的土壤条件是丰产、稳产的措施之一。芒果定植前虽对定植穴或定植沟做了局部的改土工作，但定植穴以外的土壤未经改良，随着树龄增长，根系不断四周扩展，如果不及时扩穴改土，会抑制根系生长，从而影响地上部的生长发育。故一般在定植后的第三年或第四年进行深翻、扩穴、压绿工作。

扩穴的方式可根据幼苗定植的方式而定。采用挖壕沟定植方式的，应在行间方向进行扩穴；采用定植穴方式种植的，则每年交替在行间和株间进行挖穴。

挖穴的方法：在穴外或树冠外两侧挖宽 0.3～0.4 米、长 1～1.2 米、深 0.6 米的沟，并逐年向外扩展。每株压绿肥或杂草 20～25 千克、石灰 1 千克、磷肥 0.5～1 千克、复合肥 1 千克、腐熟农家肥 10～15 千克，分层将绿肥或杂草、腐熟农家肥等埋下，促使根系向深处生长，提高树体抗旱、抗逆能力，为早结丰产打下良好的基础。

扩穴改土的工作，幼年树一般一年四季都可进行，而结果树一般在 11 月至翌年 1 月间结合断根、促花进行。

54. 幼年树应该怎么样进行水肥管理？

幼年芒果果园管理以促梢，扩大树冠，促进幼年树快长，早成形、早开花、早结果为主。水肥管理是这一个时期的关键。芒果幼年树侧根少，须根数量不多，而且细弱，分布浅，对土壤高温、干

旱及肥料的浓度过高等都会迅速作出反应。因此，对幼年树的肥水管理要做到勤施薄施，每次施肥量宜少，次数宜多。干旱季节适当灌溉，使幼树在适宜的生长条件下，早抽梢、多抽梢，迅速形成树冠，为早结丰产打下良好的基础。

(1) 灌溉 幼苗定植后，根据天气情况及时淋水。在降雨较少时，新植苗应 2～3 天淋水 1 次，15 天后可 1～2 周淋水 1 次，直至抽出新梢为止。芒果定植后两年内，因其侧根不发达，在夏末至秋冬季节，如遇连续高温、干旱和北风，在大气和土壤湿度较低的情况下，无灌溉的果园，植株萌芽慢，抽梢迟，而且不整齐，同时容易引起植株发生叶焦病，使植株生长受到抑制。据试验，沙质壤土果园叶焦病的发病率为 70%，黏性红壤土果园的发病率为 50%。因此，此时果园的灌溉显得十分必要。每次灌水前应先小心锄松树盘表土，然后淋水，使水能完全渗透入土，并可用杂草覆盖树盘保湿。

(2) 施肥 幼年树施肥，主要是促进植株的营养生长。通过施肥，可以熟化、改良土壤，为根系的生长创造一个良好的水、肥、热条件，促进根系生长、扩展。由于根系有了良好的生长活动环境，新梢的抽发生长也会随之加快。幼树在适宜温度和肥水充足的条件下，可以不停地抽发新梢，一般 1 年可抽生 5～8 次。

芒果种植成活、恢复生长后，可用每桶水（约 25 千克）加1～2 勺腐熟粪水的稀粪水，或用 0.5%的尿素水溶液淋施 1 次，促进新梢抽生，以后每 1～2 个月施肥 1 次。也可以根据抽生情况施肥，一般每抽生一次枝梢施 1 次肥。施肥时，可交替施用粪水、尿素或复合肥。每株每次可施尿素或复合肥 50～75 克，可对水淋施，也可在树盘滴水线内开浅环沟均匀撒施，然后覆土。天旱时最好施水肥，或施肥后适当灌水，以便树体吸收和避免灼伤根系。芒果幼年树施肥量及各种营养元素的比例，各地差异很大。

55. 结果树每年应该怎么样施肥?

芒果结果树施肥，应以合理调整营养生长与生殖生长之间的矛盾为原则，既需促进当年开花结果和调控至夏梢旺长，又要促进秋梢抽发、生长健壮，为第二年继续丰收打下良好的基础。施肥种类仍以氮、磷、钾肥为主，特别是要增加钾、钙的施肥量。镁肥的需要量也较多，但目前国内很少施镁肥，应逐步改进。磷主要分布在营养器官，消耗较少，使用量可与幼年树相近。除此之外，还要补施少量微量元素，如铁锰硼铜锌等。

(1) 采收前、后肥 芒果挂果多，产量高。树体挂果后营养水平处于一年中最低的时期，如不及时施肥，则树势衰弱，难以恢复生长，影响结果母枝的培育和翌年的结果和产量。采收前、后肥是全年施肥的重点，施肥量占全年的 60%～80%。

芒果采收前施肥一般以根外追肥为主，在采收前 30～45 天可结合喷药治病，混合喷一些磷钾含量高的叶面肥。此外，在采果前 60 天喷果树丰收灵，能抑制植株的光呼吸消耗，增加光合产物的积累，提高品质和产量。

芒果采果后施肥可分 2 次进行。第一次施肥一般在 8 月中下旬施完，以速效肥为主，目的是使树体尽早恢复，尽快萌发抽生新梢。每株树施用复合肥 0.5～1.0 千克，尿素 0.3～0.5 千克。在树冠滴水线内侧挖环沟状浅施，如遇天气干旱，施肥后要灌水。第二次施肥结合深翻改土，一般在 11 月中旬至 12 月进行，以农家肥为主，每株施用腐熟的农家肥 20～30 千克、石灰 1 千克、复合肥 0.5～1 千克、钾肥 0.3～0.5 千克，并且每株可增施火烧泥 10～15 千克，可促使树体抽穗开花。

(2) 壮花肥 早春花芽大量萌发前或大量萌发时，一般在 1～3 月，为了促进植株越冬后树势的恢复，及时施用一定量的速效肥是非常必要的。其目的在于促进花穗和小花的发育，提高花的质量，增加两性花的比例，增强植株抵抗低温阴雨等不良天气的能力，提高坐果率。每株可施复合肥 0.2～0.3 千克，或花生麸 0.2 千克，氯化钾或硫酸钾 0.2 千克，尿素 0.1～0.15 千克。在盛花期前以及盛花期内，各喷 500 倍的硼酸 1 次，可结合病虫害防治混合在农药内进行叶面喷施。

（3）壮果肥　芒果坐果后的4～6月上旬，是幼果迅速增大期，同时又是夏梢抽发期。此时期施肥有直接供应氮、钾的作用，更有协调枝梢与果实养分分配矛盾的作用。只有通过施肥来满足果实发育对营养的要求，但也要根据树势、挂果量和叶色而确定。树势壮旺、挂果少的植株可少施或不施，否则会促使夏梢抽生而加剧落果；树势弱、挂果多的要追施速效肥，每株施复合肥0.2～0.3千克、钾肥0.15～0.2千克，并可喷施叶面肥2～3次，如0.2%的磷酸二氢钾，可结合防虫进行喷施。

56. 结果树应该怎样灌溉?

芒果结果树在营养生长和生殖生长的不同时期，对水分有不同的要求，需水的较关键时期是果实膨大期和秋梢生长期。芒果采果后经过施肥和修剪，如遇到干旱少雨的天气，则芽不易萌动，抽梢不整齐，植株剪口抽梢不一致。芒果末次秋梢一般以在11月中旬达到成熟为好，但如受到干旱影响，末次梢由于停止生长早，遇干旱或一定的低温条件便进入花芽分化期，在暖冬的情况下会提早在1～2月开花，此时的花容易受到低温危害，绝大部分有花无果。因此，采果后施肥和修剪时，如果遇到高温干旱天气要适当灌溉，促进植株早萌发及抽梢整齐。灌溉以灌透为度，一般在11月中旬后停止灌溉。

芒果幼果形成至果实膨大期为最需水分时期。如果植株缺水将抑制幼果生长，严重时导致或加重落果，因此，此时遇干旱，要及时灌水。到了芒果果实成熟期，大约在采收前30天，应停止灌溉，保持土壤干旱，以提高果实的甜度、耐贮性，提高果实的品质。

灌溉方法和灌水量要根据果园里果树的情况而定，一般采用施肥沟灌溉的方法，因为在施肥处芒果根系较多，这样吸收水分速度更快更好，提高水分利用率。灌溉水量以保持土壤湿润为宜。

57. 结果树应如何管理园地土壤？

深厚、肥沃、疏松、透气性良好的土壤环境是培养芒果强大根系，促进树体健壮生长的基础。幼年芒果园扩穴改土后，使整个土层的土壤熟化，由于不断使用化学肥料，土壤易变得板结，透气透水性变差，影响水肥的渗透和根系的扩展，所以，应加强土壤管理工作。每年6月、10月各浅耕1次，一般在雨后进行，耕深25厘米左右。除去树头周围的杂草，保持果园良好的卫生环境，减少病虫害的发生。

第六篇　栽培新技术篇

58. 树冠老了，应该怎么样更新？

有些芒果经过一定年限后，出现枝条衰老、结果能力下降、产量低、枝条易干枯、内膛空虚等现象。或因天牛等病虫害危害，导致枝枯叶落，露出残桩，此时，应采取更新修剪。

（1）间伐更新果园（彩图 34）　近年来，芒果园多采用矮化密植栽培，植株投产 6～8 年后，由于结果负荷大和多次修剪，使树冠内部大枝比例增多，故树体消耗过大，枝梢生长变弱；或是因为树冠控制不良，扩展过大而发生郁闭，引起光照不足，导致产量下降。此时必须对果园进行适当间伐，留下部分树继续扩大再生长。间伐后的果园，植株行距增大，提高了果园的通风透光性，产量和品质都会得到相应的提升。

（2）逐年轮换更新（彩图 35）　为保证果园当年有一定的产量，对密闭、衰老的果园，可逐年进行回缩更新，即第一年按顺序间隔回缩修剪一半植株，第二年把留下的未修剪的植株回缩更新。回缩更新时，视果园郁闭程度及树体衰老的情况，回缩至主枝或大侧枝处。主枝或大侧枝的回缩，一般在距主干 30～60 厘米处，选择径粗 5 厘米的主枝短截，使其重新形成树冠。在管理良好的情况下，一年内植株就基本能恢复，翌年或第三年就能开花结果。待更新的植株开始结果，再按此法更新其余的植株。

植株结果 3 年后，先回缩树冠的东面和北面，让西面和南面的枝条继续结果；1 年后，待东、北部枝条正常挂果后，又对西、南面的枝条进行回缩重截。如此循环，以保证株间和行间有足够的空间，保证果园的正常结果。

树体的短截以春天为好，也可以结合采果后的修剪进行。短剪时最好选择晴天。短截后，截口最好喷或涂上杀菌剂，在短截前，应在植株根部周围松土，并施足基肥，使植株抽芽后有充足的养分供新梢生长，迅速恢复树冠。

59. 什么是“高接换冠”技术?

低产、品质不良的品种及实生树，可以通过换接优良品种的方法进行改良（彩图 36）。树龄 5～7 年、树冠在 3～4 米以内、生长健壮的植株，可选择径粗 2～4 厘米的枝条直接嫁接；10 年树龄以上的大树以及枝粗、树冠大或植株衰老残缺的大树，可在短截枝干后，新抽出萌芽 2～3 片托叶时芽接或枝接。

短截枝干于春、秋季都可以进行。主干低的品种，保留 3～5 个主枝，然后将其短截，待其抽梢后，每枝留 2～3 条枝梢，用于换种嫁接。实生树，主干高大的，采用低干换种，在距离地面 1～1.5 米处截干，主干上留 2～4 条新梢，用于嫁接。嫁接可用芽接法或枝接法。枝接最好在 4～6 月进行，嫁接的成活率高达 88%～95%，此期晴天多，天气转干燥，气温适宜，有利于愈伤组织形成，接芽愈合良好。7～9 月阴雨天较多，空气相对湿度较大，树体含水量高，嫁接部位湿度大，烂芽多，成活率低。而在 2 月，因气温尚未稳定，树液流动弱，不利于嫁接；10 月以后，气温逐渐下降，也不利于嫁接，但是气温高于 20℃时，仍可以嫁接，接穗能成活，但不要剪砧和解缚，待第二年立春后剪砧，仍可萌发出健壮的枝梢。

短截主干换种后，由于植株根系强大，树体营养充足，树冠生长迅速。一般当年春季短截主干采用幼芽嫁接的换种树，翌年春季部分植株有望开花结果，第三年即可正式投产。故芒果高接换种是

改造低产、劣质、衰败芒果园的有效途径。

60. 为什么进行矮化密植?

矮化、密植栽培是现代果树生产发展的重要趋势，它不仅有利于树冠的精细管理，而且还能提早开花结果，提高早期单位面积产量。过去，我国芒果产地多以疏植为主，每亩约种 14 株，植株高大、不利于树冠的管理，结果迟，早期单位面积产量低。从 20 世纪 80 年代开始，我国一些芒果产地开始进行芒果矮化、密植栽培试验，并取得了初步成功。目前，广东、广西、四川、海南等省（自治区）已大面积推广试种，不少果园已取得了早结、丰产、高效益的效果。

61. 矮化密植栽培品种哪些较适合?

芒果的矮化密植栽培有一定的品种限制，并不是任何品种都适于密植栽培，因此品种选择是关系到这一技术能否成功的关键。目前，台农 1 号、贵妃芒等品种的树势中等或中等偏弱，幼年树开花率高，较稳定，耐修剪，剪后易成花，是比较理想的矮化、密植栽培品种，而象牙芒、串芒等品种虽能早结、丰产，但是不耐重度修剪，因此在矮化、密植栽培上有一定的限制性。

62. 如何确定合理的矮化栽培密度?

合理的栽培密度应根据以下几点来确定：

(1) 品种的生长特性　如秋芒、811 芒等品种的生长势弱，紫花芒、桂香芒等品种生长势中等偏弱，而象牙芒、串芒等品种生长势较强。因此，栽培密度应视品种的生长特性而定，生长势弱的品种，可适当加大密度，生长势强的品种，不宜过密栽培。

(2) 土地条件　在土质肥沃、肥水充足的地方，植株生长快，树冠不易控制，不宜过密栽培。管理技术水平。栽培密度越大，对树冠控制、水肥管理、促花保果方面的技术要求越高。

63. 进行矮化、密植栽培时，怎样控制树冠？

（1）控制根系 可采用类似柑橘弯曲垂直根的方法，控制芒果垂直根的生长。并通过表层增施农家肥，培土、松土等措施，促进水平根生长，达到控制树冠和提早结果的目的。

（2）整形技术 幼树整形时，可采用低主干，并拉大分枝角度，促发多生小枝的方法，可适当控制树冠，并可改善树冠的光照。

（3）修剪技术 芒果树冠成形快，结果若干年后，如不进行控制树冠修剪，树冠及行间很快郁闭，通风透光性差，病虫害严重，果实品质下降。因此矮化密植的果园，在每次结果后，都应该根据品种特性和树冠的大小进行回缩修剪，更新树冠。修剪后要及时增施速效肥攻梢，以培养健壮的结果母枝，保持一定的冠幅和树高。

64. 如何应用植物生长调节剂催花？

矮化密植果园，常因为上一年树体结果较多或因为控制树冠进行重修剪，使植株生长往往偏弱，或因施肥过多等原因，影响植株花芽分化。因此，矮化、密植果园在冬季需要进行催花处理。目前，生产上主要使用乙烯利、多效唑、丁酰肼等植株生长调节剂催花。现分别介绍如下：

（1）乙烯利 乙烯利能促使植株花芽分化，并增加两性花比例。但是乙烯利使用浓度过高，又会抑制芒果新芽的萌发和生长。目前，生产上使用乙烯利的方法是：冬季喷施浓度为0.02%～0.025%的乙烯利，每隔10～15天喷1次，连续喷施3次。实践证明，乙烯利催花效果较好且稳定。

(2) 多效唑 多效唑可用于正、反造催花。正造催花一般是在秋季（9月中旬）土施，反造催花一般在春季进行，可与丁酰肼轮换使用。每株使用量为5～20克商品量（有效成分为15%）。土施多效唑之后1～2年，植株开花物候期往往变乱，开花分散而不集中，因此，在用量及实用技术上，还需要进一步探究。

(3) 丁酰肼 丁酰肼可抑制芽延迟萌发，使新梢生长减缓，甚至停止生长，促进花芽分化。一般在11月下旬温度偏高的年份，新梢至11月下旬甚至12月仍有大量抽生时，可用浓度为0.1%的丁酰肼和1%的尿素喷施，对芒果新梢萌发生长有较明显的抑制效果。

65. 怎样进行芒果的花期调节？

芒果的生长发育状况对营养生长和生殖生长的协调性具有很大的影响，协调好营养生长和生殖生长，使得在花芽分化期有适宜的条件保证花芽分化的顺利进行，在开花坐果时能避免不良天气，提高两性花比例和坐果率，从而提高产量、贮运保鲜性能和商品果率，此为芒果栽培中关键技术之一。产期调节即错开盛产期，提高和延长供果时间，稳定价格，使生产与消费双方都受益。通过物理、化学方法调节芒果的花期，从而调节其产期以达到预期目的就是该技术的表现。

芒果花期多在每年的12月至翌年的3～4月，秋冬的低温干旱有利于花芽的分化。芒果的花期直接影响产量，冬春早花会因早春我国南方的低温阴雨直接影响花的开放和授粉受精，从而导致产量下降甚至绝收。因此，调节芒果的花期对于早春易受低温阴雨天气影响的地区尤为重要。

通过农业技术措施推迟花期。促使植株抽冬梢，结合药物处理，利用冬梢结果，就能把花期向后推迟1个月左右。芒果秋梢结果，花期集中在2～4月，这时往往遇到较长时间的低温阴雨天气，致使芒果产量不稳定。如果利用冬梢结果，在促冬梢的过程中，就直接推迟 1 个月左右的生长期，也相应地将花期向后推迟。芒果冬梢在 4 月开花，受不良天气影响概率小，有利于结果，也是克服大小年结果的重要措施之一。

66. 如何促冬梢结果？

在秋冬季节加强果园的水肥管理，可促进冬梢抽生和抑制花芽分化。把果后修剪的时间推迟到 9 月，促使植株抽生 1 次秋梢和 1 次冬梢，由于自然抽穗率极低，必须配合使用药物适时适量处理，才能达到预期抽穗的目的和提高抽穗率。一般在 11～12 月，连续喷施浓度为 0.02％的多效唑 3 次。

67. 如何利用地区差异调节市场？

世界芒果产区所处的纬度横跨在南北纬 30°以内，我国的芒果种植区为北纬 18°～25°，纬度不同，果实成熟期有明显的差异。高纬度地区果实成熟要比低纬度地区晚，如在海南三亚 3～4 月为芒果盛期，而广东、广西地区最早上市也要到 6 月，四川攀枝花芒果要到 8 月以后上市，因此可利用地区差异成熟期不同来调节市场。另外，各地区可根据纬度不同果实成熟期不同，选择不同的主栽品种，如海南可选用早熟品种，从而使芒果尽早上市，广西、四川攀枝花等地尽量选用晚熟品种，将芒果的成熟期推迟到 9 月以后，这样延长了鲜果的上市时间，对市场进行调节。在右江河谷地区，随着早熟品种逐渐退化，中晚熟品种逐渐成为当地的优势品种。

68. 如何用化学物质调控芒果产期？

近几年来，在芒果生长开花的过程中，常常使用化学药物进行调控，诱导芒果反季节开花结果，以延长芒果的供应期，减轻过于

集中的采收对市场造成的压力。

目前，诱导芒果反季节开花使用的植物激素为赤霉素和植物生长调节剂多效唑。赤霉素能抑制芒果花芽形成，延迟开花期；而多效唑对芒果有抑制生长、阻碍顶端分生组织赤霉素的生物合成、增加叶绿素含量、提高光合速率、促使花芽分化的作用。诱导芒果反季节开花结果一般采用“先控后促”的方法。

69. 怎么样解决芒果大小年结果现象?

从目前某些地区芒果生产情况来看，芒果结果极不正常，有些年份果实累累，有些年份寥寥无几，甚至可能出现数年不结果，这种大小年结果现象是当前影响芒果发展的主要问题之一。究其原因，降雨、碳氮化、植物营养状况、病虫害、两性花比例及激素平衡等问题是形成芒果大小年的原因。为了解决大小年的现象，可采用以下方法：

(1) 控制花期　人工摘花：对出现的早花，即在2月上旬以前抽生的花序，采取分批摘花的措施。一般在花穗长至10厘米左右时摘除。这样，通常能把盛花期延迟到3～4月。

(2) 加强水肥管理　通过摘花和喷药控花后，树势有所削弱，在春季萌芽前及时加强水肥管理，可提高花穗的复抽能力及提高品质。

(3) 慎重选择品种　不应选用有明显大小年结果的品种。应选择花期迟、花序抗逆性和再生能力强、能多次抽花、两性花比例较高的品种种植，以确保产量。

(4) 提倡留二次枝梢　采果后，在天气条件好的情况下，一般健壮树均能长出二次枝梢，并能正常开花结果。如遇到不良天气，常只能抽出一次枝梢，然后易抽冬梢或早花。为了树体抽冬梢或是早花，应在采果后促植株抽二次枝梢。为此，在栽培措施上应注意灌水，并适量增施氮肥，争取在10月上旬左右攻出二次枝梢，达到促梢控花的目的。

(5) 利用植物激素或生长调节剂

控早花：可用丁酰肼1 000～2 000毫克/升，从 12 月至翌年的 1 月连续喷施 2～3 次，可使芽延迟萌发和促使花芽分化。

促花：在 11 月上旬用浓度 200～300 毫升/升的乙烯利或1 000 毫升/升的多效唑喷树冠，隔 10～15 天喷施 1 次，连续喷 3 次，可抑制花穗抽生和生长，促进花芽分化，提高两性花的比例。

(6) 加强果园管理　在结果大年对芒果园要进行翻耕。施氮肥的总量应比平常增加一倍。采果后，及时施速效肥，并适当灌溉，促发二次枝梢，使植株营养生长恢复平衡，为翌年开花、结果打下良好的基础。

第七篇　病虫害防治篇

70. 果实上有一块一块的黑色斑点是什么病？怎么防治？

果园里出现的这种病害是炭疽病（彩图 37）。炭疽病在我国芒果种植区普遍发生，也是危害果实最严重的病害。此病害主要发生在果实生长期，特别是成熟期，病果率一般为 30%～50%，严重可达 100%。

(1) 主要症状　嫩叶、嫩枝、花序和果实均可发病。嫩叶染病后首先产生黑褐色、圆形、多角形或不规则形小斑点。小斑点逐渐扩大或者多个小斑融合可形成大的枯死斑，枯死斑常裂开、穿孔。严重者叶片皱缩、扭曲、畸形，最后干枯脱落。嫩枝病斑呈黑褐色，绕枝条扩展 1 周时，则病部以上的枝条枯死，其上丛生小黑粒。花朵或整个花序受害，逐渐变黑凋萎。芒果幼果期极易感病，果上生小黑斑，覆盖全果后，皱缩，最终落掉。幼果形成果核后受侵染，病斑为针头大小黑点，不扩展，直至果实成熟后迅速扩展，湿度较大时生粉红色孢子团。成熟果实被害后，果面上形成黑色形状各异的病斑，中央略下陷，果面有时龟裂。病部果肉变硬，终至全果腐烂。病斑密生时常愈合成大斑块。本病有明显潜伏侵染现象，田间似无病的果实，常在后熟期和贮运期表现症状，造成烂果。

(2) 病原及发病规律　诱发此病的主要是两种病原物，分别是胶孢炭疽菌和尖孢炭疽菌。均属半知菌类炭疽菌属，在田间的危害主要以胶孢炭疽菌为主。

病菌主要在芒果植株上的病叶、病枝及落地的植株病残体上越冬。湿度高时病菌可产生大量分生孢子，通过风、雨水传播，从寄主的伤口、皮孔、气孔侵入，在嫩叶上可以穿过角质层直接侵入叶片内。该病菌再侵染能力强，病菌在寄主残体上可存活多年。已穿孔的冬季老叶斑病上，存活的病菌量最低。

该病的发生环境要求是20～30℃的气温和高湿条件。在我国华南和西南芒果产区，每年春季芒果嫩梢期、花期至幼果期，如遇连续阴雨或大雾等湿度高的天气，该病发生较为严重。湿度是影响我国芒果种植区炭疽病发生和流行的关键因子。据报道，温度16℃以上，每周降雨3天以上，相对湿度高于88%，病害可以在两周内大流行。芒果叶瘿蚊对叶片造成的伤口也容易诱发炭疽病的发生。芒果品种间抗病性存在一定差异，但目前为止尚未发现免疫品种。我国栽培的大多数芒果品种均较感炭疽病，幼嫩组织易感病，采后果实软熟后迅速发病腐烂。

(3) 防治措施

①选用抗病优良品种。相对而言，紫花芒、金煌、热农1号为高抗品种；台农1号、粤西1号、台牙、贵妃、桂香芒、马切苏、海顿、仿红、小菲、LN4、陵水大芒、红芒6号等为中抗品种；爱文芒、乳芒、海豹、龙井大芒等为高感品种；黄象牙为避病种，尚未发现免疫品种。

②做好预防工作。病害流行主要决定于芒果感病时期的气候条件，与温度、湿度、降水天数、降水量等因子相关，温暖高湿、连续降雨、则病害迅速发展造成流行。在芒果抽花、结果和嫩叶期间，平均温度14℃以上，气温预报未来有连续3天以上的降水，即应在降水前喷药。在高温高湿的芒果种植区，每逢嫩梢期、花期、幼果期应在发病前喷施保护性杀真菌剂，如波尔多液、百菌清等。

③农业防治。及时清除地面的病残体，果实采后至开花前，结

合修枝整形，彻底剪除带病虫枝叶、僵果，并集中烧毁，以降低果园菌源数量；剪除多余枝条及适当整形，使果园通风透气。果园修剪应尽量做到速战速决，使树体物候尽量保持一致，以便集中施药，节约管理成本。

④药剂防治。重点做好枝梢期、花期及挂果期的病害防治工作。在花蕾期、花期及嫩芽期、嫩梢期，干旱季节每10～15天喷药1次，潮湿天气每7～10天喷药1次，连喷2～3次，必要时可增加次数。可供选择的药剂有：25%咪鲜胺乳油1 500～2 000倍液；70%甲基硫菌灵可湿性粉剂700～1 000倍液；1%石灰等量式波尔多液；25%嘧菌酯悬浮剂600～1 000倍液等交替喷施，以防病菌产生抗药性。

⑤及时进行果实采后处理。若果实表面光洁，无病虫斑，则采摘后可不经药剂处理直接销售。而在高温高湿芒果种植区，由于果实潜伏病菌较多，果实采摘后24小时内应立即处理。首先，剔除有病虫害及机械损伤的果实，用清水或漂白粉水洗果皮，再用25%咪鲜胺乳油1 500～2 000倍液热处理，即在52～55℃浸泡10分钟左右。果实晒干后在常温下贮藏，有条件的可置于13～15℃的冷库，延长贮藏期。果实采后也可用植物源植物保护剂进行处理。

71. 芒果花上的类似白色粉末的物质是什么？应怎么防治？

果园里出现的这种病害是白粉病。白粉病在我国西南、华南芒果种植区普遍发生，每年引起的产量损失占5%～20%。

（1）主要症状　发病部位主要有嫩叶、嫩梢和幼果。发病初期在寄主的幼嫩组织表面出现白粉状病斑，继续扩大或相互融合成大的斑块，表面布满白色粉状物。花序受害后花朵停止开放，花梗不再伸长，后变黑、枯萎。后期病部出现黑色小点闭囊壳。严重时引起大量落叶、落花、落果。

（2）发病原因及发病规律　诱发此病的病原菌的无性时代为半

知菌类粉孢属芒果粉孢菌；有性阶段为子囊菌门白粉菌属二孢白粉菌。病菌以菌丝体和分生孢子在寄主的叶片、枝条或脱落的叶、花、枝、果中越冬，其存活期可达 2～3 年。翌年，病变组织上产生大量分生孢子随风扩散，侵染寄主的幼嫩组织。气温在 20～25℃时，适宜病害发生流行，湿度对病害的发生影响虽然不是很明显，但在花期如遇夜晚冷凉及多雨发病加重。在潮湿和干旱地区都可以发生，高海拔地区由于温度较低，危害持续时间较长。芒果抽叶开花期为病害盛发期。

(3) 防治措施

①农业措施。增施有机肥和磷钾肥料，避免过量使用化学氮肥，平衡施肥。剪除树冠上的病虫枝、旧花梗、密闭枝叶，使树冠通风透光并保持果园清洁。花量过多的果园适度人工截短花穗、疏除病穗。

②药剂防治。特效药为硫磺粉，在抽蕾期、开花期和稔实期，使用 320 目硫磺粉，用喷粉机进行喷施，每亩剂量 0.5～1 千克，每隔 15～20 天喷 1 次，在凌晨露水未干前使用，高温天气不宜喷撒，否则易引起药害；50%硫磺·多菌灵胶悬剂 200～400 倍液喷雾，或 60%代森锰锌 400～600 倍液喷雾，或 70%甲基硫菌灵可湿性粉剂 750～1 000倍液喷雾，或 12.5%烯唑醇可湿性粉剂2 000倍液喷雾，或 20%三唑酮乳油1 000～1 500倍液喷雾，或 75%百菌清可湿性粉剂 600 倍液喷雾。

72. 芒果果蒂上腐烂是什么病？

这种在芒果果蒂处腐烂的病害是蒂腐病（彩图 38）。该病是芒果采后主要病害，在世界主要芒果产区普遍发生，在我国华南地区，贮运期一般病果率为 10%～40%。芒果的蒂腐病有多种，如小穴壳属蒂腐病、芒果球二孢霉蒂腐病、拟茎点霉蒂腐病。在右江河谷地区，常发生的是芒果球二孢霉蒂腐病。

(1) 主要症状 发病初期果蒂呈褐色，交接明显，然后病害向

果身扩展迅速，病部由暗褐色逐渐变为深褐色至紫黑色，果肉组织软化流汁，经 3～5 天全果腐烂，发病后期出现黑色小点。该病除了为害果实外，还会危害枝条引起流胶病，侵染芒果嫁接苗接口和修枝切口可引起回枯。

（2）发病原因及发病规律　导致发病的病原菌主要是可可球二孢霉。

果园病残体及回枯枝梢和病叶内潜伏大量病菌，在适合的外界条件下，大量释放分生孢子，通过风、雨传播，由伤口处侵入寄主，引发病害。果实采摘时，果柄切口是病原菌的重要侵入途径。随着果实的成熟，病菌活力增强，并在贮运期表现蒂腐症状。在高温高湿条件下有利于病害的发生，最适合的发病温度为 25～33℃。常受风害的果园，或受暴风雨侵袭后的果园，病害发生严重。

（3）防治措施　果园防病与采后处理相结合。

①幼树回枯的防治。拔除死株，剪除病叶，集中烧毁，然后用 1%波尔多液、75%百菌清 800 倍液喷雾保护，每隔 10 天喷 1 次，连喷 2～3 次。

②蒂腐病防治。在果实采前喷 1%波尔多液，或 75%百菌清可湿性粉剂 500～600 倍液。采后处理措施如下：

a. 剪果。收果时预留果柄长约 5 厘米，果实不能直接置于土表，以免病菌污染。

b. 洗果。用 2%～3%漂白粉水溶液或流水洗去果面杂质。

c. 选果。剔除病、虫、伤、裂果。

d. 药剂处理。采用29℃的50%咪鲜·氯化锰可湿性粉剂1 000倍液处理2分钟，或用52℃的45%噻菌灵胶悬剂500倍液处理6分钟。

e. 分级包装。按级分别用白纸单果包装。

73. 叶子和幼果上出现类似疮疤的现象是什么病害？应如何防治？

这种病害称为疮痂病（彩图 39）。

（1）主要症状 侵害植株的嫩叶和幼果，引起幼嫩组织扭曲、畸形，严重时引起落叶和落果。在梢期嫩叶上，从叶背开始发病，病斑为暗褐色突起小斑，圆形或近椭圆形，湿度较大时病斑上可见绒毛状菌丝体，病叶受影响组织生长不平衡，造成转绿后病叶扭曲、畸形，叶柄、中脉发病可发生纵裂，重病叶易脱落；感病幼果出现褐色或深褐色突起小斑，果实生长中期感病后，病部果皮木栓化，呈褐色坏死斑。此外，感病果皮由于生长不平衡，常出现粗皮或果实畸形；在湿度大时，病斑上可见小黑点，即病菌的分生孢子盘。

（2）发病原因及发病规律 病原菌学名为芒果痂圆孢，属子囊菌亚门、腔菌纲、多腔菌目。

病原菌以菌丝体在罹病组织内越冬。翌年春季在适宜的温度、湿度下，在旧病斑上产生分生孢子，通过风、雨传播，侵染当年萌发的新梢嫩叶，经过一定潜伏期后，新病部又可产生分生孢子，进行再侵染。果实在生长后期普遍受侵染。每年5～7月，苗圃地里的实生苗普遍受侵染发病。

（3）防治措施

①搞好清园工作，冬季结合栽培要求进行修剪，彻底清除病叶、病枝梢，清扫残枝，落叶、落果集中烧毁，并加强肥水管理。

②药剂防治在嫩梢及花穗期开始喷药，7～10天喷1次，共喷2～3次；坐果后每隔3～4周喷1次。药剂可选用1∶1∶160波尔多液；25%咪鲜胺乳油750～1 000倍液；或70%代森锰锌可湿性粉剂500倍液。

74. 果实表面上出现一个创口并腐烂，流胶污染果面，应该如何防治？

芒果上出现这种现象是因为感染了细菌性角斑病，该病主要分布于云南、广西、广东、海南和福建等地区，流行年份常造成早期落叶，果面疤痕密布，降低产量和商品价值。贮运中接触传染导致烂果。

(1) 主要危害症状 主要危害芒果叶片、枝条、花芽、花和果实。在叶片上，最初产生水渍状小点，逐步扩大变成黑褐色，扩大病斑的边缘常受叶脉限制呈多角形，有时多个病斑融合成较大的病斑，叶片中脉和叶柄也可受害而纵裂；在枝条上，病斑呈黑褐色溃疡状，病斑扩大并绕嫩枝1圈时，可致使枝梢枯死，在果实上，初始呈水渍状小点，后扩大呈黑褐色，溃疡开裂。病部共同症状是：病斑黑褐色，表面隆起，病斑周围常有黄晕，湿度大时病组织常有胶黏汁液流出。另外，在高感品种上还可以使花芽、叶芽枯死。该病危害而形成的伤口还可成为炭疽病、蒂腐病菌的侵入口，诱发贮藏期果实大量腐烂。

(2) 病原及发病规律 致病病原细菌学名为薄壁菌门黄单孢菌属油菜黄单胞菌芒果致病变种。

果园病叶、病枝条、病果、病残体、带病种苗及果园内或周围寄主杂草是芒果细菌性角斑病的初侵染源。病菌可通过带病苗木、风、雨等进行传播扩散。病菌从叶片和果实的伤口和水孔等自然孔口侵入而致病。病原菌发育的最适温度为20～25℃，高温多雨有利于该病发生，沿海芒果种植区，台风暴雨后易造成病害短时间内流行。风较大的地区、向风地带的果园或低洼地常发病较重，而避风、地势较高的果园发病较轻。

(3) 防治措施

①**加强水肥管理，增强植株抗性及整齐放梢。**清除落地病叶、病枝、病果，并集中烧毁或深埋；果实采收后果园修剪时，将病枝叶剪除。结合疏花、疏果再清除病枝病叶和病穗，并集中烧毁；剪除浓密枝叶，花量过多的果园应适度人工截短花穗使树冠通风透光。

②**化学防治。**定期喷药保梢、保果是防治该病的重要措施，特别是果树修剪后，要尽快用30%王铜胶悬剂800倍液或1%等量波尔多液喷1次，以封闭枝条上的伤口。枝梢叶片老熟之前同样用以上药剂，每半月喷1次。在发病高峰期前期或每次大风过后用1∶2∶100波尔多液，或72%硫酸链霉素4 000倍液，或77%氢氧化铜

600～800 倍液进行喷雾。其他药剂如 30%氧氯化铜＋70%甲基硫菌灵（1∶1）800 倍液，或 3%中生菌素1 000倍液，或 20%噻菌铜 700 倍液，或 2%春雷霉素 500 倍液等对该病均有较好的防治效果。

75. 什么是畸形病？应该如何防治？

（1）主要症状 畸形主要分为枝叶畸形和花序畸形。幼苗容易出现枝叶畸形，病株失去顶端优势，长出大量新芽，膨大畸形，节间变短，叶片变细而脆，最后干枯，这与束顶病症状相似。成年树感染该病后可继续生长，病部畸形芽干枯后会在下一生长季重新萌发。通常畸形枝的出现，会导致花序畸形，其花轴变密，簇生，不能使花呈聚伞状排列，畸形花序成拳头状，几乎不坐果。畸形花序的直径和主轴直径显著大于正常花序，但都比正常花序的短，畸形花絮主轴直径和幅度增长快。畸形花序的两性花较少，雄花多于正常花序，畸形花序通常每朵花有 2～4 个子房，而正常花的两性花只有 1 个子房。

（2）病原及发病规律 畸形病又称为簇生病，由镰刀菌引起，危害范围最广。

温度是制约病害流行的一个重要因子，当日平均温度达 25℃，最高温度有 33℃时，病害不发生。当温度低于 20℃或 20℃左右时，正值芒果花期，此时是发病的高峰期。

（3）防治措施

①加强检疫。严禁从病区引进苗木和接穗。一旦发现疑似病例，建议立即采取应对措施，全民动员统一行动，铲除并烧毁发病植株，防治病害扩散蔓延。

②修剪。剪除发病枝条，剪除的枝条至少含 3 次抽梢长度（0.4～1 米），剪后随即在剪口用咪鲜胺浸泡过的湿棉花团盖住。剪刀在剪下一条病枝前要彻底消毒。田间操作时可把棉花与 2～3 把剪刀同时浸泡于消毒液里，消毒液用一小塑料桶盛装，剪刀轮换使用、轮换浸泡，以便提高工作效率。剪下的枝条要集中烧毁。

第一次剪除后，下一年度可能还会有部分抽出新芽发病，可按上述方法继续再剪。剪几次后发病率可逐年降低。

③药剂防治。在抽梢期与开花期，结合修剪措施，每隔 15～20 天喷 1 次药剂，共喷 2～3 次，重点喷施嫩梢和花穗。该药剂为咪鲜胺和杀扑磷的混合剂。使用浓度按说明书。

④提高防病意识。铲除无人管理和房前屋后的发病芒果树。清理果园，清除枯枝杂草。

76. 什么是丛枝病？应该如何防治？

(1) 主要症状 丛枝病引起枝条丛生、花期紊乱、不坐果、叶片黄化，以及生长衰退和死亡等症状。

(2) 发病原因及发病规律 丛枝病病原菌为枝原体，原称为类菌原体，专性寄生于植物韧皮部筛管系统。该病原菌可能随种苗传入，并通过刺吸式昆虫为媒介传播。

(3) 防治措施 做好病害检疫和苗木检验，不从感病果园引进种苗；拔出感病植株并烧毁；平衡施肥，增强树势，提高植株免疫力；统一修剪，控制整齐抽梢，并在抽梢期集中喷施杀虫剂吡虫啉、杀扑磷等，以控制刺吸式昆虫如蓟马、蚜虫、叶蝉、蚧虫等的危害，阻断病菌传播的昆虫媒介。

77. 有的芒果树枝梢迅速干枯死亡是什么病？应该如何防治？

出现这种现象的果树应该是感染了速死病（彩图 40）。

(1) 主要症状 发病树枝形成层变黑，主干流出琥珀色的胶状物。感病主枝或枝条快速干枯、凋萎，直至死亡，似烧焦状，而整株树均不会落叶。发病初期，一株树中只有一个枝梢或一部分感病，其他的枝条和叶梢正常。但随着病害的进一步发展，整株树逐渐死亡。

(2) 病原及发病规律 致病的病原菌为长喙壳属真菌，属子囊菌类。该病的发生与易感的砧木和接穗有关，尤其植株处于逆境条件时发病较重，如水肥管理不善等。病菌一般随感病枝条传播，修剪工具也易传播病菌；如果土壤受病菌的子囊孢子污染，病菌将长期潜伏于土壤中，并为病害的侵染循环提供初侵染源。另外，昆虫是该病害的重要传播途径，芒果茎干甲虫是携带病菌的重要载体。甲虫蛀食树干形成层，造成孔洞，并把病菌带给寄主。因此，感病植株常伴随有甲虫蛀蚀木质部的次生危害，而且这种甲虫有取食病菌菌体的嗜性，并依赖病菌菌体的营养促使甲虫的发育。因此，携带病菌的甲虫成了传播病害的重要媒介。

(3) 防治措施 使用健康无病种苗；及时挖出感病植株并烧毁，种植穴土壤用石灰消毒。砍除病枝时，除立即烧毁病枝外，留下的切口用波尔多液涂封；在感病果园作业时，修剪工具和其他工具用25%甲基硫菌灵1 000倍液进行消毒；在发病果园，结合秋冬季树头淋水，在水中可加入25%甲基硫菌灵1 000倍液或45%咪鲜胺3 500倍液；结合冬季修剪，对植株主干和主枝用石硫合剂和石灰进行涂白，以保护树皮，同时也可避免受甲虫的危害，发现有害虫侵害时，应及时用高效低毒杀虫剂进行喷杀，以防害虫对该病的进一步传播和扩散。

78. 什么是煤烟病？应该如何防治？

这是一种芒果的常见病。

(1) 主要症状 主要侵害芒果叶片和果实，发病后在叶片和果实上覆盖一层煤烟粉状物，影响植物光合作用。

(2) 病原及发病规律 导致此病的病原菌为芒果煤炱，属子囊菌亚门煤炱属。该病的发生与叶蝉、蚜虫、介壳虫和白蛾蜡蝉等同翅目昆虫的危害有关。这类害虫在植株上取食，在叶片枝条果实花穗上排出蜜露，病原菌以这些排泄物为食物而生长繁殖。叶蝉、蚜虫、介壳虫和白蛾蜡蝉等发生严重的果园，常诱发煤烟病。老树、

树冠荫蔽、日常管理差的果园该病发生较严重。

(3) 防治措施　合理灌溉，降低田间湿度；及时防治叶蝉、蚜虫、介壳虫等，并在杀虫剂中加入高锰酸钾1 000倍液；病害初发期用0.3波美度石硫合剂或1∶2∶200石灰倍量式波尔多液进行喷雾。

79. 芒果叶子上出现小斑点是什么病害？应该如何防治？

导致这种现象的病害为藻斑病。

(1) 主要症状　发病初期，叶片出现白色至淡黄褐色的小圆点，逐渐向四周放射状扩展，形成圆形或不规则形病斑，边缘不整齐，表面有细纹，灰绿色或橙黄色。后期表面较平滑，色泽也较深。

(2) 病原及发病规律　导致此病的病原菌为藻类。在植株上，一般是由下层叶片向上发展，而中下部枝梢受害较严重。高温高湿的条件，促使此病的产生和传播，降水频繁、降水量充沛的季节，藻斑病的扩展蔓延迅速。树冠和枝叶过度荫蔽，通风透光不良，果园发病严重。生长衰弱的果园也有利于该病的发生。该病主要发生在雨季。

(3) 防治措施

①加强果园管理，合理施肥灌水，增施磷、钾肥，增强树势，提高树体抗病力。并进行科学修剪，使树冠通风透光，做好排水措施，保持果园适度的温度湿度，及时清理果园，将病残物集中烧毁，减少病原的传播。

②在发病初期，使用0.5%等量式波尔多液、氢氧化铜、甲霜·锰锌喷洒叶片和枝条。

80. 在芒果树干的伤口处流出胶状物质是感染了什么病？应该如何防治？

树体出现流胶现象主要是感染了流胶病（彩图41）。

（1）主要症状 枝条感病后，组织变色，皮层坏死出现溃疡病斑，并流出白色至褐色的胶状物。进而枝条枯萎，抽出的枝梢叶片褐色变黄，最后整个枝条枯萎。若花梗受害，则发生纵裂缝。幼果受害，果皮及果肉腐烂，并渗出黏稠的汁液，导致脱落。

此病在高温高湿和荫蔽的环境条件，容易发生。所以在排水不良的苗圃易发病。芒果梢枯流胶病主要危害枝梢、主干，引起树体流胶、溃疡，最后干枯。主干、枝梢受侵染后，皮层坏死呈溃疡状，病部流出初为白色后为褐色树胶，病部以上枝梢枯萎，病部以下有时会抽出新枝条，但长势差，叶片褪色。花梗受害产生纵向裂缝，病斑扩展到幼果可使幼果脱落。成熟果实受该病菌侵染后，在软熟期表现症状，初期在果蒂出现水渍状黑褐色病斑，之后扩展成灰褐色大病斑，并渗出黏稠汁液，此症状属于果实蒂腐病的一种。

（2）防治措施

①栽培过程中要防止机械损伤。树干涂白以免受太阳暴晒，方法：用刀挖除病部，涂上 10%波尔多液保护。

②结合整形修剪，剪除病枝梢。剪时要从病部以下 20～30 厘米处剪除；主干上的病斑，要用快刀将病部割除，割至出现健康组织，然后将伤口涂上波尔多液，或 70%甲基硫菌灵可湿性粉剂 200 倍液喷雾。

③结合芒果炭疽病和细菌性角斑病的防治，花期可喷 30%氢氧化铜悬浮液（王铜）。幼果期喷 0.6%等量式波尔多液，70%甲基硫菌灵可湿性粉剂 800～1 000倍液，或 45%咪鲜胺1 200倍液喷雾。一般 10～15 天喷 1 次，共喷 3 次。

81. 叶片上霉变是什么病？应该如何防治？

（1）主要症状 导致芒果叶片出现斑点的病害有多种。在右江河谷地区主要是芒果叶点霉叶斑病。此病主要为害叶片。两种症状：一种是叶片尚未老熟即染病，叶面产生浅褐色小圆斑，边缘暗黑色，后稍扩大或不再扩展，组织坏死，斑面上现针尖大的黑色小粒点，数个病斑相互融合，易破裂穿孔，造成叶枯或落叶。另一种症状叶斑生于叶缘和叶尖，灰白色，边缘具黑褐色线，病部表皮下生小黑点。

（2）病原及发病规律 造成此病的病原菌是摩尔叶点霉，属半知菌类真菌。病菌以分生孢子器在病组织内越冬，条件适宜时产生分生孢子，借风、雨传播，从伤口或叶上气孔侵入，进行侵染。该病多发生在夏秋两季。

（3）防治方法

①加强芒果园管理，增强树势提高抗病力。

②加强果园生态环境，适时修剪，增加通风透光，使芒果园生态环境远离发病条件。

③发病初期喷洒1：1：100倍式波尔多液或50％多菌灵可湿性粉剂600倍液、50％甲基硫菌灵可湿性粉剂800倍液、75％百菌清可湿性粉剂700倍液。

82. 为什么芒果叶缘焦枯？应该如何防治？

芒果生理性叶缘焦枯，又称为叶焦病、叶缘叶枯病。

（1）症状 此病多出现在3年生以下的幼树。发病时，叶尖或是叶缘呈现水渍状褐色波纹斑，进而向叶中部横向扩展，逐渐叶缘干枯；后期叶缘呈灰褐色，叶片逐渐脱落，病枝一般不枯死，翌年仍可长出新梢，但长势差。

（2）病因 此病是生理性病害，与树体营养、根系活力及环境条件和管理操作有关。

①营养失调病树叶片中含钾量高，钾离子过多，引起叶缘灼烧。

②气候干旱、土温高，水分不足导致盐分浓度高直接影响根系活力，降水后，根基条件得到改善时，植株逐渐恢复正常。

（3）防治方法

①建园时要注意选择适宜的环境条件，并培肥地力，改良土壤

状况。

②加强芒果园管理，幼树应多施有机肥，尽量少施化肥，秋冬干旱季节要注意适当淋水并用草覆盖树盘，保持潮湿。

③增施中微量元素肥料，防止芒果缺钙、缺锌。

83. 芒果果实内部腐烂是怎么回事?

果实内部腐烂病一般出现于生长期果实和采后果实后熟过程，果实表面完好，切开后果肉出现腐烂现象。果实内部腐烂病有下列4种状况：第一种情况是果顶果肉软化，果实中部和基部正常，称“软鼻子病”；第二种情况是果肉软化、变色，果肉呈松散的海绵状，靠果皮有一层黑褐色的分界线，随着果实的进一步成熟，内部果肉逐渐变黑腐烂，称“海绵组织病”；第三种情况是在果实种子周围的果肉软化湿腐，果实表面的果肉表现正常，称为“心腐病”；第四种情况是果实内部出现空心的现象，空心周围组织褐变，其他果肉正常，称为“空心病”。

(1) 病因及发病规律　此病的发生与环境因素关系密切。如靠沿海或沿江边的果园发病较重；果实采后长时间受太阳直晒时，发病较重；果园相对湿度越高发病越重。果实较大的品种，如凯特等较易发现此病。而且，叶片钙素含量越低，发病率越高。在钙含量较低的酸性土壤和沙土中易发此病，相反，在石灰性土壤中发病率较低。

(2) 防治措施　总的原则是维持叶片的氮含量＜1.2％，钙的含量≥2.5％，可使发病率最小化。每年在根际土壤中施用碳酸钙，在叶片中喷施硝酸钙均有助于降低此病的发病率。

(3) 综合治理方法　选择具有抗性的品种；增施有机肥，施用高钙低氮复合肥；在成熟阶段，控制灌溉；夏季温度较高时，实施树头地面覆盖，以降低土壤温度，减轻土壤水分蒸腾，从而减少树体钙的流失。土壤增施石灰、树体喷施可溶性钙肥；保持土壤的营养平衡等措施均有助于减轻本病的发生。

84. 如何防止芒果发生日灼?

(1) 日灼病的发病规律 这是一种生理性病害。果实生长期受高温、干燥与阳光的直射作用，果实表皮组织水分失衡发生灼伤。发病程度与气候条件、树势强弱、果实着生方位、果实套袋与否及果袋质量、果园田间管理情况等因素密切相关。特别是雨天突然转晴后，受日光直射，果实易发生灼伤；植株结果较多，树势较衰弱，会加重日灼伤的发生程度；果树外围果实向阳面日灼发生较重。

(2) 防治措施

①合理施肥灌溉。增施有机肥，合理搭配氮、磷、钾和微量元素肥料。果实生长期结合喷药补施钾、钙肥。遇高温干旱天气及时灌水，降低园内温度，减轻日灼病发生。

②果实套袋。坐果稳定后及时套袋。选择防水、透气性好的芒果专用袋。套袋前全园喷1次优质保护性杀菌剂，药液晾干后再开始套袋。注意避开雨后的高温天气和有露水时段，并要将袋口扎紧。果实采收前一周去袋，去袋时不要将果袋一次摘除，应先把袋口完全松开，几天后再彻底把袋去除。

85. 芒果有哪些生理失调症？该如何防治？

(1) 缺硼症 芒果缺硼时叶脉变粗、叶畸形、顶部节间缩短；花而不实或少实，果实严重畸形，影响芒果产量和品质。主要措施有增施硼肥，比如芒果花期喷0.1%硼砂，或土壤埋施硼砂，有助于改善芒果树体的硼素营养，提高坐果率，改善果实品质。

(2) 缺镁症 芒果果树缺镁，从老叶的叶脉间开始黄化，然后扩展到嫩叶。高酸性土或高碱性土中易出现此症状。缺镁的果园，在改良土壤、增施有机肥的基础上适当地使用镁肥，可以有效地防止缺镁症。

①**土施**。在酸性土壤中，为了中和土壤酸度应施用石灰镁（每株施0.75～1千克），在微酸性至碱性土壤的地区，应施用硫酸镁肥，镁肥可混合在堆肥中使用。

②根外喷施2%～3%硫酸镁2～3次，可恢复树势，对于轻度缺镁，叶面喷施效果较快。

（3）缺铁症 芒果缺铁初期，新梢叶片呈黄白色，下部老叶正常。随新梢生长，病情逐渐加重，全树新梢顶端嫩叶严重失绿，叶脉呈淡绿色，以至全叶变成黄白色。严重时，新梢节间短，花芽不饱满，严重影响植株的生长、结果以及果实的品质。主要防治措施有：改良土壤，增施有机肥，树下间作绿肥，以增加土壤中腐殖质含量，改良土壤结构及理化性质。适当补充铁素，发病严重的果树，发芽前可喷施0.3%～0.5%的硫酸亚铁溶液控制病害发生，或在土壤中施用适量的螯合铁。土施或叶面喷施都要注意不可过量，以免产生药害。

（4）缺锌症 芒果缺锌时，新梢生长异常，节间短缩，导致畸形。缺锌严重的，腋芽萌生，形成大量细瘦小枝，叶片短小，密生成簇，后期落叶，新梢最终枯死。主要防治措施有：增施有机肥，提高锌盐的活性，便于果树吸收利用。补充锌元素，抽梢前树上喷施3%～5%的硫酸锌或抽梢初喷施1%的硫酸锌溶液。结合秋施基肥，每株结果树加施硫酸锌0.1～0.3千克，并可持续3～5年。

86. 新梢被蛀、钻心是什么虫害导致的？

这主要是横线尾夜蛾侵害导致（彩图42）。

（1）危害特点 横线尾夜蛾，属鳞翅目夜蛾科。在广东、广西1年发生7～8代，云南、四川1年发生5～6代，世代重叠。枯枝、树皮等处以预蛹或蛹越冬，翌年1月下旬至3月下旬陆续羽化。低龄幼虫一般危害嫩叶的叶柄和叶脉，少数直接危害花蕾和生长点；3龄以后集中蛀害嫩梢和穗轴；幼虫老熟以后从危害部位爬出，在枯枝、树皮或其他虫壳、天牛排粪孔等处化蛹，在枯烂木中

化蛹的最多。成虫趋光性不强。

幼虫蛀食嫩梢、花序，导致枯萎，削弱树势。全年各个时期危害程度与温度和植株抽梢生长情况密切相关，平均气温20℃以上时危害较重。右江河谷地区，在4月中旬至5月中旬、5月下旬至6月上旬、8月上旬至9月上旬以及11月中旬出现4次危害高峰。

(2) 防治措施　在卵期和幼虫低龄期进行防治，一般应在抽穗及抽梢时喷药。芒果新梢抽生2～5厘米时，用40%杀扑磷、50%稻丰散、90%敌百虫800～1 000倍液，或20%氰戊菊酯、2.5%高效氟氯氰菊酯、25%灭幼脲悬浮剂2 000倍液等喷雾处理。

87. 树体内出现钻孔、树皮被破坏主要是什么虫害导致?

这种现象主要是由脊胸天牛（彩图43）导致。

(1) 危害特点　芒果脊胸天牛，属鞘翅目天牛科，我国主要分布于广东、广西、四川、云南、海南、福建。脊胸天牛的成虫体细长，栗色或栗褐色至黑色；腹面、足密生灰色至灰褐色绒毛；头部、前胸背板、小盾片被金黄色绒毛，鞘翅上生灰白色绒毛、密集处形成不规则毛斑及有金黄色绒毛组成的长条斑，排列成断续的5纵行。幼虫蛀害枝条和树干，造成枝条干枯或折断，影响植株生长，严重时整株枯死，整个果园被摧毁。每年发生1代，主要以幼虫越冬，少量以蛹或成虫在蛀道内越冬。在右江河谷地区，成虫在4～7月发生，5～6月进入羽化盛期。交配后的雌虫在嫩枝近端部的缝隙中或是裂开处或老叶的叶腋、树椏杈处产卵。幼虫孵化后进入枝干，从上至下钻蛀，虫道中有虫粪混有黏稠黑色液体，由排粪孔排出，是识别该虫的重要特征。11月可见少数幼虫化蛹或成虫羽化，但成虫不出孔，在枝中的虫道里过冬。

(2) 防治措施　在5～6月成虫盛发时进行人工捕捉，或利用成虫的趋光性安装黑光灯诱杀；在6～7月幼虫孵化盛期或冬季越冬期，剪除有虫枝条，集中烧毁；幼虫期在受害的枝干上用铁丝捕刺或钩杀；成虫羽化盛期，用石灰液涂刷树干，将 2 米以下范围进行涂白，阻止成虫产卵；采用化学防治，用 50%或 70%马拉硫磷乳油、48%毒死蜱乳油注入虫孔内，把口封住，以熏死幼虫。

88. 如何防治橘小实蝇？

橘小实蝇（彩图 44）是芒果果实成熟期最主要的虫害，严重影响果实品质。

（1）危害特点 橘小实蝇又称为柑橘小实蝇果蛆等，属双翅目实蝇科寡毛实蝇属。在我国主要分布于广东、广西、福建、四川、湖南、台湾等地。橘小实蝇幼虫在果内取食，常使果实未熟先黄脱落，严重影响产量和质量。除柑橘外，尚能危害芒果、番石榴、番荔枝、阳桃、枇杷等 200 余种果实。在我国将其列为国内外的检疫对象。

在华南地区，每年发生 3～5 代，无明显的越冬现象，世代发生叠置。成虫羽化后需要经历较长时间的补充营养才能交配产卵，卵产于接近成熟的果实皮内。卵期夏秋季 1～2 天，冬季 3～6 天。幼虫孵出后即在果实内取食，使果肉腐烂变质，失去商品价值。幼虫期在夏秋季需 7～12 天，冬季 13～20 天。老熟后弹跳入土化蛹，深度 3～7 厘米。蛹期夏秋季 8～14 天，冬季 15～20 天。

（2）防治措施 严格检疫，严禁带虫果实、苗木调运；清洁田园，及时摘除受害果实、清扫落果；采用物理诱杀，用特制的食物诱剂诱杀成虫。同时结合及时捡果、清理果园等农艺措施，其防效可达 90%以上；采用化学防治方法，树冠喷药：当田间幼虫量较大时，进行树冠喷药。常用药剂有敌敌畏、马拉硫磷、辛硫磷、阿维菌素等。地面施药：亩用 5%辛硫磷颗粒剂 0.5 千克，拌沙 5 千克撒施，或 45%马拉硫磷乳油 500～600 倍液在土面浇洒，一般每隔 2 个月 1 次，以杀灭入土的幼虫和出土的成虫；采用套袋的方法，于芒果谢花后的幼果期套上芒果专用袋，避免雌性成虫在果实上的产卵。

89. 叶片上出现褐斑进而穿孔是什么虫害？

这是由叶瘿蚊幼虫危害导致（彩图45）。

(1) 危害特点　芒果叶瘿蚊，属双翅目瘿蚊科。在我国主要分布于广西、广东等地，幼虫侵害嫩叶、嫩梢，被害嫩叶先出现白点后呈褐色斑，进而穿孔破裂，叶片卷曲，严重时叶片枯萎脱落导致枝梢枯死。

在右江河谷地区，芒果叶瘿蚊1年可发生15代。每年4月至11月上旬均有发生。11月中旬后，幼虫入土3～5厘米处化蛹越冬。翌年4月上旬前后羽化出土，出土后即开始交尾，翌日上午，雌虫将卵产于嫩叶背面，成虫寿命仅为2～3天。幼虫咬破嫩叶表皮钻进叶内取食叶肉，受害处初呈浅黄色斑点，进而变为灰白色，最后变为黑褐色并穿孔，受害严重的叶片呈不规则网状破裂以致枯萎脱落。

(2) 防治措施　清除果园杂草，清除枯枝落叶；统一修剪，确保新梢期集中，以便于集中防治；新梢嫩叶抽出时，树冠喷施20%氰戊菊酯2 000～3 000倍液，7～10天喷1次，1个梢期2～3次。或按4.5千克/亩地面土施5%辛硫磷颗粒剂，或40%甲基辛硫磷乳油2 000～3 000倍液对地面进行喷洒，才能彻底消灭。

90. 如何防治介壳虫？

我国芒果蚧虫种类很多，共有5科45种，在右江河谷地区比较常见的是椰圆盾蚧。此虫属局部偶发性害虫，在少数果园造成危害。主要危害树冠局部的枝梢、叶片和果实，吸食组织汁液，引起落叶、落果，严重时引起树体早衰。虫体固着在果皮造成虫斑，并分泌大量蜜露和蜡类，诱发烟煤病，影响果实外观。

(1) 危害特点　椰圆盾蚧，又称为木瓜介壳虫，属同翅目。分布较广，寄主达70多种。若虫和雌性成虫附着于叶背、枝条或果实表面，刺吸组织汁液，被害叶片正面呈白色或黄色不规则的斑纹。椰圆盾蚧在长江以南各地 1 年发生 2～3 代，受精雌成虫越冬，翌年 3 月中旬开始产卵，4～6 月以后为盛发期。雄成虫羽化后即与雌成虫交尾，交尾后很快死亡。孵化的若虫向新叶和果实上爬动，之后固定在叶背或果上侵害。

(2) 防治措施 加强修剪整形等树体管理，提高树冠及整个果园的通风透光性，采果后修剪时将受害严重的枝梢整枝剪除，并集中烧毁；采用化学防治时，在若虫初发期，以 40%杀扑磷 800 倍液或 30%吡虫·噻嗪酮水悬浮剂的1 500倍液等对树冠喷雾。

91. 如何防治芒果蚜虫?

(1) 危害特点 为害芒果的蚜虫包括芒果蚜、橘二叉蚜等。芒果蚜属同翅目蚜科，成虫、若虫均集中于嫩梢、嫩叶的背面，在花穗及幼果柄上吸取汁液，引起卷叶、枯梢、落花落果，严重影响新梢伸长，甚至导致新梢枯死。同时蚜虫分泌蜜露，容易引起烟煤病。

(2) 防治措施 可利用天敌防治蚜虫。蚜虫的天敌有瓢虫、食蚜蝇、草蛉、蜘蛛、步行甲等，施药时选用选择性较强的农药，避免杀伤天敌；采用药剂防治，蚜虫大量发生期可用 50%抗蚜威可湿性粉剂2 000～3 000倍液，或 2.5%高效氟氯氰菊酯2 000～3 000倍液叶面喷施，施药间隔 7～10 天，施药次数为 2～3 次，注意药剂的轮换施用，防止蚜虫对药物产生抗性。

92. 如何防治蓟马?

在我国，危害芒果的蓟马种类很多，其中，茶黄蓟马危害最为严重，其次为黄胸蓟马。

(1) 危害特点 蓟马，属缨翅目蓟马科，危害芒果嫩叶、花穗及幼果，早期在叶背取食嫩叶，随着数量的增加，蓟马转移到嫩叶

表面取食。蓟马成虫、若虫吸食芒果树汁液，造成嫩叶和幼果表面组织挫伤呈木栓化，叶片变色，严重影响芒果嫩叶和幼果的生长发育。茶黄蓟马整年在芒果树上活动，1年发生10～12代，世代重叠。成虫、若虫适于早、晚或阴凉天气在叶面和幼果上活动，受惊扰后可做短距离移动。成虫产卵于叶背侧脉或叶肉中，若虫孵化后即在嫩叶背面吸取汁液。一年中以芒果花期及嫩叶期密度最大，干旱季节，危害加重。

(2) 防治措施 加强芒果园地管理，清除果园杂草，每年收果后及时修枝整形，使抽梢期一致，有利于集中防治；在秋梢期、花期和幼果期，结合其他害虫防治，用50%吡虫啉可湿性粉剂3 000倍液，或2.5%高效氟氯氰菊酯2 000倍液，或1.8%阿维菌素乳油2 000倍液喷雾防治；还可以采用物理方法，悬挂黄色或蓝色黏板于花穗附近进行黏杀。

93. 如何防治芒果象甲？

危害我国芒果的象甲（彩图46）主要有芒果果实象甲、芒果果核象甲、芒果果肉象甲和芒果切叶象甲等。除芒果切叶象甲危害叶片外，其余均危害果实，严重影响产量和果实品质。前三者主要分布在我国的云南和东南亚一代，在右江河谷地区危害最广的是芒果切叶象甲。此虫也是国内外的检疫对象。

(1) 危害特点 芒果切叶象甲在广西、海南、云南、广东、福建等省（自治区）均有发现。象甲成虫除取食嫩叶危害外，雌性成虫在嫩叶产卵后便将叶片从基部咬断，严重危害新梢，影响树的生长势。虫卵随叶片落地，孵化后取食叶肉，老熟后入土化蛹。每年发生7～9代，世代重叠。以幼虫在土内越冬，每年3～4月羽化出土，危害嫩梢。

(2) 防治措施 加强检疫，严禁从疫区调运种子、果实和苗木。新区一经发现，应坚决扑灭；冬季清园时，向树冠喷施90%敌百虫800倍液，消灭越冬成虫；幼果期用2.5%高效氟氯氰菊酯

2 000倍液，或90%敌百虫喷洒树冠，每次间隔7～10天，连续3～4次最佳。

94. 如何防治芒果白蛾蜡蝉、广翅蜡蝉？

（1）危害特点 这类害虫属于同翅目，蛾蜡蝉科。主要分布于广东、海南、广西、云南等地。寄主种类很多，主要有柑橘、荔枝、龙眼、芒果等。成虫、若虫吸食嫩枝汁液，影响果树的生长，并会诱发煤烟病等病害。幼果受害后，出现落果和发育不良现象。

白蛾蜡蝉（彩图47）成虫黄白色或碧绿色，头尖，圆锥形，有白色蜡粉。1年发生2代，以成虫在茂密枝叶上越冬，翌年2～3月间天气转暖后，越冬成虫开始取食、交尾、产卵。成虫集中产卵于嫩枝或叶柄上。第一代卵盛孵期在3月下旬至4月中旬，4～5月为若虫高峰期，成虫盛发于6～7月间；第二代卵盛孵期在7月中旬至8月中旬，8～9月为若虫高峰期，若虫从9月中旬起开始羽化为第二代成虫，天气转凉后，第二代成虫进入越冬阶段。若虫群集危害果树。在阴雨连绵或雨量比较多的夏秋季，该虫发生较重。

广翅蜡蝉成虫呈黑褐色，前翅宽大，略呈三角形。每年发生1代，卵在枝条内越冬。白天活动危害，若虫有群集性；成虫飞行力较强且迅速，产卵于当年生枝条木质部内，产卵孔外带出部分木丝并覆有白色棉毛状蜡丝，极易发现与识别。成虫寿命50～70天，至秋后陆续死亡。

（2）防治措施 若虫盛发期，用90%敌百虫、50%马拉硫磷，或50%吡虫啉可湿性粉剂3 000倍液加0.1%的洗衣粉液喷杀。3月上中旬和7月中下旬，处于成虫产卵初期，喷药效果最佳。

95. 如何防止芒果叶蝉？

芒果叶蝉种类颇多，但是在我国危害芒果的叶蝉主要有扁喙叶

蝉、黑颜单凸叶蝉、大红叶蝉等，其中最常见的是扁喙叶蝉。

（1）危害特点　芒果扁喙叶蝉，又称为芒果片角叶蝉、芒果叶蝉。属同翅目，叶蝉科。在我国主要分布于广东、海南、广西、云南、福建等地，成虫、若虫均能危害芒果，主要造成叶萎缩、畸形（彩图 48），导致落花落果等，并会诱发煤烟病等细菌性病害。

在广西右江河谷地区，芒果扁喙叶蝉成虫、若虫主要发生在每年 4～10 月，春梢、夏梢、秋梢都可受到危害，其中以 4～5 月危害最大。成虫、若虫群集于嫩梢、嫩叶、花穗和幼果等部位，刺吸汁液，并产卵于嫩芽和嫩叶中脉的组织内，还分泌胶质物遮盖产卵口，使外表隆起。孵化时，若虫从叶表皮下钻出，使表皮裂开，叶片弯曲变形，嫩芽枯死。

（2）防治措施　在若虫盛发期，用 90%敌百虫、50%混灭威乳油1 000倍液，20%异丙威乳油、50%仲丁威乳油 800 倍液，或50%吡虫啉可湿性粉剂3 000倍液加 0.1%的洗衣粉液喷杀。在 3 月上中旬和 7 月中下旬，成虫处于产卵初期，喷药效果最佳。

96. 芒果涂白作用如何？

芒果涂白是指将芒果树干距地面 1.5 米左右，涂抹白色涂料，如石灰或是波尔多液，从而起到保护树干的作用。树体涂白也是一项防治病虫害很有效的农业措施，主要有 3 个作用：防冻、防晒、防止病虫害。由于低温或是高温影响，加上暴露在强光下，树皮很容易出现干裂，进而流胶，严重影响树体的健康。而且这些伤口往往成为病虫害侵染树体的入口，如真菌病害或是天牛危害。进行树体涂白后，树体就像涂上了一层保护膜，起到防冻防晒防病虫害的作用。

一般涂白时期选择在入冬后，常用的涂白材料有 3 种。一是10%石灰水（0.5 千克生石灰 5 千克水混合）；二是 1：6：40 波尔多液（0.5 千克硫酸铜；3 千克生石灰；20 千克水）；三是新型涂白材料（四川国光），这是一种新型粉剂材料，与水混合后成膏状，可直接用特制的喷雾器进行涂撒，涂白效果较好，且省时省工省力。

97. 如何配制波尔多液？

波尔多液是由硫酸铜、生石灰和水配制而成的一种保护性杀菌剂，有效成分为碱式硫酸铜。配制方法有两种，分别是两药混合法和硫酸铜溶液注入法。在生产中，常用两药混合法，方法比较简便实用。将硫酸铜和生石灰分别放在非金属容器中，加入少量的热水并搅拌化开，再分别倒入总水量为一半的非金属容器中，滤去残渣，最后将两液同时满满倒入一个非金属容器中，边倒边搅拌，配成天蓝色的波尔多液溶液。

所谓半量式、等量式和多量式波尔多液，是指石灰与硫酸铜的比例。而配制浓度为1%、0.8%、0.5%等，是指硫酸铜的用量。例如施用0.5%浓度的半量式波尔多液，即用硫酸铜1份、石灰0.5份、水200份配制，也就是1∶0.5∶200的波尔多液。一般采用石灰等量式，病害发生严重的，可采用石灰半量式以增强杀菌效果，对容易发生病害的品种则采用石灰多倍式。在使用波尔多液时，不能和怕碱性药剂（敌敌畏、代森锌）以及石硫合剂一起使用，以防药物失效。

98. 如何配制石硫合剂？

石硫合剂是生石灰、硫磺粉配制而成的红褐色透明液体。石硫合剂呈强碱性、腐蚀性，具有杀虫、杀螨、杀菌作用，可以防治果树上的红蜘蛛、介壳虫、锈病、白粉病等。配制方法是：把硫磺粉先用少量水调成糊状的硫磺浆，搅匀，把生石灰放入铁桶中，用少量水将其溶解开，调成糊状，倒入铁锅中加足水，然后用火加热。在石灰乳接近沸腾时，把事先调好的硫磺浆自锅边倒入锅中，边倒边搅拌，并记下水位线。强火煮沸40～60分钟后，待药液熬制红

褐色、捞出的残渣呈黄绿色时停火，用热开水补足蒸发掉的水量至水位线。冷却后过滤残渣，得到红褐色透明的石硫合剂原液，测量并记录原液的浓度，便于使用时调配浓度。石硫合剂在使用时，忌与波尔多液、铜制剂等在碱性条件下易分解失效的农药混用，如果先前喷施过波尔多液，至少间隔20天以上才能喷施石硫合剂。

99. 芒果安全生产推荐化学农药有哪些?

食品安全是当今社会所关心的重要问题。为了保证芒果安全生产，减少农药的投入，从而提高果实品质，减少农药残留，在生产上推荐使用微生物源杀菌剂、昆虫生长调节剂、植物源杀虫剂、矿物源杀虫杀菌剂及低毒低残留有机农药。主要种类如下：

(1) 杀菌剂　菌毒清、代森锰锌类、多氧霉素、抗菌霉素120、石硫合剂、硫磺悬胶剂、硫酸铜、氢氧化铜、波尔多液、甲基硫菌灵、多菌灵、百菌清、异菌脲、硫酸链霉素、硫磺·多菌灵、溴菌腈、噻菌灵、三唑酮等。

(2) 杀虫剂　灭幼脲、除虫脲、氟虫脲、氟啶脲、苏云金杆菌乳剂、苏云金杆菌粉剂、生物复合杀虫剂、鱼藤茴蒿素、松脂合剂、机油乳剂、阿维菌素、浏阳霉素、烟碱、除虫菊、苦参碱、杀螟硫磷、敌百虫、吡虫啉、虫酰肼、辛硫磷等。

(3) 除草剂　草甘膦、百草枯等。

(4) 植物生长调节剂　乙烯利、赤霉素、多效唑等。

100. 什么是芒果采后病害?

芒果在采收之后，同样会出现病害。炭疽病和蒂腐病是芒果果实采后的最主要的病害。炭疽病表现为果实表面初期出现黑褐色小斑，进而逐渐扩大为圆形或近圆形的深褐色下凹斑，到后期多个病斑汇合成为不规则的大斑，最后全果逐渐腐烂。引起芒果果实蒂腐病的病原菌很多，这些病原菌侵染果实后，初期果蒂周围出现病变，呈淡褐色，然后迅速扩散，最终蔓延至整个果实，果实发褐色，软腐。此外，软褐腐病、软腐病、细菌黑斑病、垢斑病、曲霉病也均为芒果采后病害，同样可引起果实贮运期间发生腐烂。芒果果实在 20℃以下贮藏 1 周后，就容易出现炭疽病，但蒂腐病出现时间要比炭疽病晚。果实受病原菌侵染后，乙烯释放加强，病变组织呼吸速率增加，呼吸代谢途径发生变化，进而加速成熟和衰老过程，降低果实抗病性。芒果采收前的气候因素、植物营养、栽培技术、喷药等均会影响采后病害的出现和发病程度；采后冷害、水分失常、高温热伤、乙烯毒害也会导致病害的发生，此外，芒果采后病害发生还有一个特点，即生长期间侵染的病原菌因寄主组织抗性较强而保持休眠或静止状态，收获后随着果实的成熟，多酚类物质代谢，组织抗性降低，病原菌活性加强，显示症状，引起腐烂；即是病原菌在采收前侵入到果实发病腐烂存在一个潜伏期。因此，芒果果实采后病害防治应从采收前和采收后两方面着手。

芒果优质生产管理月历（1月）

树龄	物候期	管理重点	生产技术措施
幼龄树	休眠期	促进春梢的萌发和树冠整形	1. 秋植树定干整形。秋植的苗木至当年1月已生根成活，温度回升后即可抽春梢。春梢萌动前应及时定干。方法是：在地面以上50～60厘米处剪断，剪口及剪口以下2～3个芽的朝向是行间。如所种苗木为已有数个分枝的苗，除留下3条粗细较接近、方位较好的分枝外，其余的去掉。留下的分枝如方位不好可用压枝、拉枝等方法调整；如粗细差异较大，对粗、强枝用拉枝、弯枝的方法加大角度，细弱枝则减小角度 2. 追肥。1月中下旬对未结果幼树追肥1次。秋植树每株施尿素25克或粪水2.5～5千克，种后1年以上树，每株施尿素100～150克或粪水10～15千克 3. 灌水。1月中下旬如遇干旱，应在追肥后对树盘灌水或淋水 4. 摘除花序。未准备结果的幼树若抽出花序，应及时从基部摘除，以免消耗营养，对幼树的生长不利
结果树	花芽分化期	促进成花和提高花器的质量	1. 清园。将园内枯枝落叶集中烧毁，然后畦面进行深约25厘米的中耕松土，将剩余的枯枝落叶以及杂草翻埋土中，最后用1∶1∶100波尔多液或2波美度石硫合剂进行全园树冠喷洒 2. 树干涂白。如上年12月未进行此项工作的，可在当年1月末前完成，方法见12月管理月历 3. 施肥。施肥的时间是花芽萌芽前10～15天，约1月中下旬。施肥种类以全面性肥或N、P、K配合的肥料为主，10年生以下树每株施0.5～1千克的复合肥，或尿素、钾肥各0.3～0.5千克；10年生以上树每株施复合肥1～1.5千克，或尿素、钾肥各0.5～1千克；生长过旺，枝条粗大、直立的树和经采后回缩修剪只抽一次秋梢的树，此时追肥可推迟到花芽萌发之后，依成花数量决定施肥的种类和方法 4. 旺树催花。树势过旺难成花的树，1月中下旬进行第二次药剂催花处理(芒果催花剂2号) 5. 摘除早生花序。1月底前萌发伸长的花序称为早生花序。这批一般开花太早，多数年份不能正常结果。因此，生产上多进行摘除。摘除方法。当早生花序长至5～10厘米时，及时从基部摘除或留基部1～2厘米，截断上部花序。花序摘除后，枝条上部的侧芽仍可抽生花序结果

芒果优质生产管理月历（2月）

树龄	物候期	管理重点	生产技术措施
幼龄树	春梢期	树冠整形和保梢	1. 整形。1月已定干的头年秋植树，2月将陆续萌发新梢，待梢长5～10厘米时进行整形。整形的方法是疏芽定梢，萌发的新梢一般只留下3条生长势较接近，粗细较均匀，延伸方向为行间的作为主枝培养，其余的新梢自基部抹除。2年生的幼树，在春梢芽长3～8厘米时，按每基枝留梢2～3条的原则进行疏芽 2. 摘除花序。经1月摘除花序的幼树，枝梢顶芽下的侧芽还可抽出花序。应在花序长5～10厘米时从基部再次摘除 3. 防虫保梢。春梢萌发长至2～3厘米时，喷洒3 000～4 000倍的敌杀死液，防治尾夜蛾（钻心虫）等害虫。春梢期一般需喷药2～3次，每次间隔1周。
结果树	花芽分化期和开花	促花提高花质和防治病虫害	1. 及时供水。2月是芒果花芽萌发最理想的月份，如能按时促发将对开花结果有利。叶色稍淡、叶姿略垂、顶芽饱满且弯曲是花芽的重要标志。若果园大多数顶芽形成花芽，则可在春节前后进行树盘淋水或果园灌水，以促进花芽的萌发。如此时顶芽还不是花芽，则不宜供水 2. 花少树补用催花剂。春节前后如末级梢顶芽仍未见萌动或只有少数萌动，可在春节后尽快补喷1～2次芒果催花剂 3. 壮树施萌芽后肥。未施萌芽前肥的壮树或只有一次秋梢的树，在花芽萌发后的花序伸长期施萌芽后肥。花量多，且树龄在10年生以下的树，每株施复合肥0.5～0.7千克；树龄在10年生以上的树，每株施0.7～1千克。花量少的壮旺树这次肥料可以不施 4. 疏花。2月中下旬当花序伸长至5～10厘米时，末级梢抽花率大于80%的树应适当疏除部分花序，以提高留下花序的质量和坐果率。疏花的方法：自基部疏去荫蔽部位的花序和弱小、过密的花序 5. 防治病虫害。花序伸长期间易发生的病虫害是炭疽病和白粉病。如感染的病害以炭疽病为主，则用1∶1∶100的波尔多液均匀地喷雾到花序和叶背叶面上；如感染的是以白粉病为主，则使用200～300倍45%超微粒硫磺胶悬浮剂喷雾1次。2月较易发生的虫害有尾夜蛾、蚜虫、毒蛾等。尾夜蛾用3 000～4 000倍溴氰菊酯或甲氰菊酯喷雾1～2次；蚜虫、毒蛾则用800～1 000倍敌百虫喷杀1～2次

芒果优质生产管理月历（3月）

树龄	物候期	管理重点	生产技术措施
幼龄树	春梢期	促抽健壮春梢	1. 根外追肥。新梢新叶将近转色时，连续喷两次0.2%～0.4%的尿素或0.1%～0.2%的磷酸二氢钾水溶液，以促进叶片转色和提高春梢的质量。两次追肥间隔7～10天 2. 整形。头年秋植树在春梢长10～15厘米时疏芽定梢。如已有3条主枝，则每主枝留2条强壮新梢，作为主枝延长枝和第一副主枝；所留主枝老熟后用拉枝、别枝、弯枝等方法调整主枝角度和延伸方向 3. 防虫。新梢长至3～5厘米时喷4 000倍液溴氰菊酯或氯氰菊酯以防尾夜蛾；有毒蛾时用800～1 000倍液敌敌畏、有蚜虫用敌百虫1 000倍液喷杀
结果树	开花和坐果	保花保果	1. 控春梢。花序伸长期间，单株花量较少的树，较易发生春梢。春梢大量萌发影响花和花序的发育。因此，当春梢长至5～10厘米时，应将其全部或部分抹除。部分抹除的，余下的春梢留2～3叶摘心 2. 疏花序。单株花序过多（末级梢成花率大于80%）时，应在花序长5～10厘米时疏去部分弱、密和处于荫蔽部位的花序，保留60%左右的末级梢有花即可 3. 防病。花序伸长期间较易发生的病害是白粉病和炭疽病。如遇白粉病，可用45%超微粒硫磺胶悬浮剂250～300倍液喷洒花穗和叶面；此外，开花前应全面喷1次1∶1∶100的波尔多液以防治炭疽病 4. 防虫。花序伸长期易发生的虫害主要叶蝉、蚜虫、毒蛾和尾夜蛾等。防虫也应在开花前进行。如遇叶蝉、蚜虫、毒蛾等害虫可用敌百虫加氧化乐果各1 000倍液喷杀；如遇尾夜蛾可用4 000倍溴氰菊酯或氯氰菊酯等药液喷杀 5. 引苍蝇。芒果的授粉昆虫为苍蝇，自然情形下苍蝇往往不足。因此，生产上多采用繁殖、吸引苍蝇的办法以解决芒果的授粉问题。引苍蝇常分两步进行：首先是花前拉一定数量的垃圾等物到果园边，以繁殖苍蝇；其次是开花时，在行间撒少许新鲜猪牛粪或用些死鱼烂虾挂在树上，吸引苍蝇入园上树 6. 土壤保湿和树冠喷水。开花期如遇高温干旱，首先地面灌水保湿，其次树冠喷水。可提高空气湿度，降低两性花柱头黏液的浓度，从而提高花粉的发芽率和延长授粉受精的时间。喷水通常在10～11时或16～17时进行

芒果优质生产管理月历（4月）

树龄	物候期	管理重点	生产技术措施
幼龄树	夏梢期	促抽健壮夏梢	1. 施肥。当年春植树成活后进行第一次追肥，每株施尿素20～25克，1年生以上树在夏梢萌发前7～10天，挖浅环状沟追肥1次，每株用尿素50～100克或粪水10～20千克，以促进夏梢的整齐萌发和健壮生长 2. 整形。当年新植树在种植成活时或成活后，于地面上50～60厘米处剪顶定干；1年生树在主枝或副主枝长20～30厘米时摘心，促发副主枝或侧枝。继续用别枝、弯枝、拉枝等方法调整枝条的角度和延伸方向 3. 根外追肥。待夏梢新叶充分展开即将转色时，用0.2%～0.4%的尿素或0.1%～0.2%的磷酸二氢钾水溶液树冠喷雾 4. 防虫。夏梢长至2～3厘米时，连续2次喷药防治尾夜蛾或其他害虫，用药种类和浓度与上月所列相同 5. 整理畦面。雨后天晴时，山地果园修筑梯地，平地果园起沟整畦
结果树	开花坐果果实生长	保花保果	1. 花后补肥。此次施肥的目的是补充因大量的开花和坐果所导致的养分不足，以提高坐果率和促进果实膨大。肥料种类以N、K为主。少花树或强壮树可少施或不施，多花多果则依树势强弱而决定施肥量。一般10年生以下树每株施尿素、钾肥各0.2～0.3千克。结果少的树可不施氮肥，只补充钾肥，依树龄大小，每株施钾肥0.3～0.5千克 2. 控制夏梢。为控制夏梢与花、果争夺营养的矛盾，提高坐果率，应摘除全部早夏梢。摘除方法是，当夏梢长5～10厘米、叶片未展开时从嫩梢基部抹除或剪除 3. 应用生长调节剂。谢花后或仅余花穗先端数朵花未开放时，用50毫克/升(20千克水溶1克)的防落素(重庆产)或300毫克/升(每小袋用水20千克)的多效好(广西产)喷洒树冠，隔7～10天再喷1次，可起到保花保果的作用 4. 根外追肥。使用生长调节剂的同时可加入0.3%～0.5%的尿素或0.2%～0.3%的磷酸二氢钾进行根外追肥，以提高保果的效果和改善树体的营养状况 5. 防病。华南地区3月中下旬常为持续低温阴雨，空气湿度大，极易发生严重的炭疽病。为此，谢花后天晴时应立即喷洒一次1∶1∶100波尔多液，以防止炭疽病大发生。此次喷药后隔20天左右再喷1次500倍液的甲霜灵酮或500倍液的咪鲜胺等杀菌剂 6. 防虫。继续注意叶蝉、毒蛾、蚜虫等害虫的防治。防治方法参看3月的管理月历

芒果优质生产管理月历（5月）

树龄	物候期	管理重点	生产技术措施
幼龄树	夏梢期	促抽健壮夏梢	1. 施肥。当年春植树于月初追肥1次，每株用尿素20～25克；1年生以上树于第一次夏梢老熟后追肥1次，每株用尿素50～100克或粪水10～20千克，以促进第二批夏梢的萌发和生长 2. 整形。当年新植树在剪顶定干后，其上所萌生的新梢留下3条分布到各个方位、生长势头均匀的，其余的从基部抹除。1年生以上的幼树在主枝或副主枝或侧枝上萌生的夏梢，一般留下2～3条生长势接近的，其余的去掉。继续用别枝、弯枝、拉枝等方法调整枝条的角度和延伸方向 3. 防虫。5月发生的虫主要是尾夜蛾，应注重防治。用药种类和浓度与3月相同
结果树	坐果、生理落果、果实膨大和夏梢生长	促果实膨大	1. 夏季修剪。夏季修剪包括抹芽和剪枝两部分。5月中旬以前萌发生长的夏梢当其长至5～10厘米时从基部抹除；5月下旬开始进行剪枝，方法是：①疏除内膛枝、株间的交叉枝、弱枝以及其他部位过密的枝梢。②疏除遮挡果实光照的中上部无果枝，使果实暴露，充分接受光照，提高坐果率，增大果实，减少病虫害及夏梢萌生的基枝 2. 防病。5月已进入雨季，空气湿度大，极易感染炭疽病。幼果感染此病后最终脱落。因此，需重点防治。防治时间可在月初月末各喷药1次，月初用1：1：100的波尔多液，月末用800倍液氢氧化铜或500倍液咪鲜胺 3. 防虫。5月可能发生的虫害主要有毒蛾、短头叶蝉和白蛾蜡蝉。当发现有虫害时应及时喷药。短头叶蝉、白蛾蜡蝉的防治用药为各1 000倍液的氧化乐果加敌百虫；如短头叶蝉危害严重，可在第一次用药后隔5～7天用第二次药；毒蛾可用800～1 000倍液敌敌畏喷杀 4. 应用生长调节剂。可于月初喷洒一次50毫克/升（20千克水溶1克）的赤霉素或300毫克/升多效唑，以减少第二次生理落果和促进果实增大。同时疏果，本次疏果的对象是授粉受精不良的畸形果。方法是：①剪去有正常果部位以上的花梗和畸形果。②单个剪除有正常果部位以下的畸形果 5. 拉枝吊枝。结果后由于重力下压，部分侧枝下垂贴地，极易感病和遭虫，失去商品价值；部分枝条互相重叠，果与枝叶摩擦以造成果面受伤，不仅易于引起落果，而且即使果实留下不落，外观也极差。因此，需用包装绳等物将垂地和重叠部分拉起，使枝条不垂地和枝与枝之间分开

芒果优质生产管理月历（6月）

树龄	物候期	管理重点	生产技术措施
幼龄树	夏梢期	促抽健壮夏梢	1. 施肥。当年春植树在6月上旬追施一次尿素，每株25～30克；1年生以上树在第二批夏梢转绿后追肥1次，每株用尿素50～100克或粪水10～20千克，以促进新梢的充实健壮，并为下次梢的萌发作准备 2. 整形。当年春植树3条主枝选定并长至30厘米以上时，在30厘米左右处摘心或剪顶，以促发副主枝。副主枝萌发后选择3条留下，一条沿主枝延伸方向伸长，另两条各在主枝一侧。1年生以上树的整形与上月相同，继续用弯枝、拉枝的方法调整枝条的角度和延伸方向 3. 防虫。6月发生的主要虫害仍是尾夜蛾。由于6月雨水较多，应抓紧雨后晴天及时喷药防治
结果树	夏梢生长果实膨大生理落果	促果实膨大	1. 继续进行夏季修剪。如5月未开始修剪，则应在6月上旬进行，至月中完成。剪法除5月所写内容外，应重点注意对中上部和果穗周围无果枝进行修剪、以避免果实处于荫处而无法受光，影响果实的外观和品质。此外，对留果部位以上的空穗应剪去，以免摩擦果实，造成外伤 2. 追肥。结果多的树可在6月上中旬每株追施钾肥200～400克，以促进果实增大和提高品质 3. 未结果树和极少结果树修剪。由于多种原因(多为花期长期低温阴雨)，部分结果树花而不实。对此类树当年的目标是放梢3次，第一次放梢可在6月底进行。放梢前7～10天可进行一次修剪。修剪方法参照8月采后修剪 4. 深翻扩穴、增施有机肥。自6～10月均可进行此项工作。方法是：于树冠滴水线下向内20～30厘米处挖宽30～40厘米、深50～60厘米、长与树冠展幅相同的长沟，并剪平沟内侧根系。每沟回坑时投入猪牛粪10～15千克、石灰0.5千克、磷肥0.3～0.5千克、草料或垃圾10千克，肥、土混合均匀回坑，回土应高于地面15～20厘米 5. 疏果定果。为提高果实外观和增进品质，对结果多的花穗应适当疏果，一般每花穗留果2～3个即可，多余的应剪除。疏果的原则是：①疏除小果和外观不理想的大果，留下果皮光洁的正常大果。②留下的果彼此有一定间距，以免果皮互相摩擦，造成伤口结疤和导致病害 6. 防病虫。6月是芒果炭疽病发病的高峰期。因此，需在6月上旬末及6月底分别喷药防治。上旬末用1∶1∶100的波尔多液，6月底用800倍液氢氧化铜或500倍液咪鲜胺防治。防虫措施与5、6月相同

芒果栽培管理月历（7月）

树龄	物候期	管理重点	生产技术措施
幼龄树		（同6月）	1. 整形（同6月） 2. 扩穴改土，增施有机肥（同6月） 3. 防虫（同6月）
结果树	果实的后期膨大和果实成熟	采前处理采收采后放梢准备	1. 施肥。早熟品种可在采后进行，弱树、多果树在采前进行。5～10年生树每株施尿素300～500克、复合肥400～600克或粪水25～30千克加尿素200～400克；10年生以上树，每株施尿素500～1 000克、复合肥700～1 000克或粪水30～40千克加尿素500～600克。施肥方法是于树冠滴水线下挖深10～20厘米环状浅沟，将肥料均匀撒于沟内后覆土 2. 防病。晚熟品种，如紫花芒、红象牙芒等品种在采前20天应进行果实的最后一次防病，以预防采前采后果实的炭疽病和增加表面的蜡粉，提高耐贮性和增进外表美观。药液用1∶1∶100的波尔多液（其他杀菌剂难以达到既能防病又增厚果粉的作用） 3. 预测果实成熟度。不同品种果实成熟度差异较大。在3月中旬以前开花坐果的紫花芒约在7月中旬末至下旬成熟，在4月中旬以后开花坐果的成熟期将在8月上中旬。正确的采收期应以成熟度作标准。判断芒果成熟度的主要依据是果实的外观和果实比重。果皮颜色由绿转成淡黄绿，果肩由扁平转为浑圆即表明果实进入成熟阶段；当将果实放入静止的水中时，若能自然下沉即表明达到了采收成熟度 4. 采收。采前宜在盛果筐周围垫上软物，以避免擦伤果实。采收时，树冠矮小的应单果采收。方法是：先在花梗处将果实剪离树体，之后在果柄上方0.5～1厘米处剪断。对于高大的芒果树，宜用顶端绑着网袋和铁丝钩的长竹竿将果实扭钩入袋内。在采收过程中力求不损伤果皮和弄断果柄。因果柄断后所形成的流胶可造成果面污染和果实腐烂 5. 捡落果。紫花芒等品种在成熟采收前20天左右会有采前落果的现象，一旦出现落果应及时捡回，略作果面清洁后适当催熟，这些果并未失去食用价值和商品价值 6. 防虫。6月上中旬进行修剪拟放3次梢的未结果树，将陆续在6月末至7月初出梢，应注意防治尾夜蛾、剪叶象甲和瘿蚊等害虫。一般自芽萌发2～3厘米长时起，每隔7天连续用敌百虫加氧化乐果各1 000倍液喷杀3次

芒果优质生产管理月历（8 月）

树龄	物候期	管理重点	生产技术措施
幼龄树	秋梢期	促抽秋梢	1. 施秋梢萌芽前肥。最后一次夏梢老熟后即可进行这次施肥，施肥目的是促进秋梢的萌发。每株施尿素 0.1～0.15 千克和复合肥0.15～0.2 千克，开环状沟施下 2. 初结果树修剪放梢。最后一次夏梢老熟后即可进行修剪，修剪方法是疏去过密枝和细弱枝，短截少量过长枝 3. 防虫。与成年结果树相同 4. 继续扩穴改土施基肥
结果树	秋梢萌发生长	采后修剪施肥和虫害防治	1. 采后修剪。采后修剪的目的是培养适时、健壮和疏密度合适的结果母枝，并适当缩小树冠，延缓结果部位的过快外移。修剪时间自采后起至 8 月下旬初结束。修剪方法是：①疏去影响光照透入的过密枝，无开花结果能力的弱枝，已衰退的下垂枝、衰老枝和病虫枝、枯枝，以改善树冠的光照条件和节约树体营养。②回缩树冠之间和树冠内的交叉枝，使树冠间和枝组间保持一定的间距，防止过度扩展，造成园内和树冠内的密闭。③短截先端已衰弱的衰退枝、过长的营养枝和结果母枝，以促进秋梢的萌发生长，为第二年的开花结果作准备。④回缩或短截树冠中上部和顶部过密的侧枝或中心干延长枝，以使光照透入树冠内 2. 施肥。晚熟品种、结果多的树、秋旱地区宜在修剪前施肥，施肥后 7～10 天内完成修剪。早熟品种、结果少的树可在修剪后 1 周内施肥。施肥种类以农家肥为主或复合肥为主，适当加施速效性氮肥。10 年生以下树，每株施尿素 0.3～0.5 千克，复合肥 0.5～0.7 千克或粪水 25～30 千克加尿素 0.2～0.4 千克；10 年生以上，每株施尿素 0.5～1 千克，复合肥 0.7～1 千克或粪水 35～40 千克加尿素 0.5～0.6 千克 3. 防虫。秋梢萌发后极易招致虫害，主要有尾夜蛾（钻心虫）、瘿蚊和剪叶象甲等，应加强防治。防治方法：当秋梢长至 2～3 厘米时，及时对树冠喷洒 4 000 倍液的溴氰菊酯或甲氰菊酯溶液，隔周后喷洒第二次；当幼叶张开时瘿蚊和剪叶象甲即开始危害，此时可用各1 000倍液的敌百虫加氧化乐果混合液喷洒 4. 疏芽。在良好的肥水条件下，经过采后修剪，一般剪后 1～2 周即可萌发秋梢。当其进入伸长初期，应按每剪口留梢 2～5 条的原则，疏去多余的或位置不适当的新梢，以保证秋梢的健壮生长 5. 防旱。修剪后如遇严重干旱，应及时灌足水，以促进秋梢的萌发

芒果优质生产管理月历(9月)

树龄	物候期	管理重点	生产技术措施
幼龄树	秋梢期	促抽秋梢	1. 防虫保梢。同结果树 2. 疏芽疏梢。同结果树 3. 根外追肥。同结果树 4. 扩坑施有机肥。同结果树
结果树	秋梢期	保梢、壮梢	1. 防虫保梢。秋梢萌发生长期间易于出现的虫害是尾夜蛾（钻心虫)、短头叶蝉、瘿蚊和剪叶象甲等。防治尾夜蛾，可于芽长2～3厘米开始，用4 000倍液的溴氰菊酯或甲氰菊酯或氯氰菊酯树冠喷杀，每隔7天喷1次，连续2～3次；防治短头叶蝉和瘿蚊，可用敌百虫加氧化乐果各1 000倍的混合液喷洒；防治剪叶象甲，除可用防短头叶蝉的方法外，亦可用800倍液的敌敌畏防治 2. 疏芽疏梢。经过采后修剪的枝条，每剪口所出新芽往往过多，应通过疏芽或疏梢的办法调整枝梢的数量，以保证留下的枝梢健壮和达到作为结果母枝的要求。疏芽一般在芽长5～10厘米时进行，疏梢则是在叶片转色后行之。提倡以疏芽为主，以减少营养的消耗，疏梢是在疏芽不及的情形下的一种补充措施。疏芽疏梢的原则是：粗枝、壮枝、直立枝的新梢多留，每剪口留芽3～5条，多余者从基部抹除；细枝、弱枝、下垂枝的新梢少留，每剪口留芽不超过3条 3. 施肥壮梢。弱树和老树由于营养积累较少，虽因修剪的刺激而出梢，但梢的质量往往较差。故应于9月下旬追肥1次，以促进梢的健壮，为下次梢的萌发作准备。施肥种类以速效性化肥为主，株施复合肥250～500克或150～250克尿素加200～300克氯化钾 4. 根外追肥。新梢伸长期间可用0.2%～0.3%尿素+0.1%～0.2%磷酸二氢钾进行根外追肥，以促进叶片转色、加深叶色、增加叶面积和促进根的生长。为节约用工，根外追肥可与喷药结合进行 5. 扩坑施有机肥。继续进行深翻扩穴，增施有机肥的工作

芒果优质生产管理月历（10月）

树龄	物候期	管理重点	生产技术措施
幼龄树	秋梢期	促抽秋梢	1. 灌水。进入10月中旬如出现连续干旱，应对芒果园进行全面灌水。无灌水条件的山地果园亦尽可能淋水。此时淋灌水的目的有两个，一是可促进第二次秋梢（如为6月放梢树，则是放梢后的第三次梢）的萌发和生长；二是抑制芒果树过早进行花芽分化，以推迟花期 2. 根外追肥。10月上旬树冠仍存大量未转绿的红叶时，为促进其尽快老熟，并于11月上中旬抽出早冬梢，可于10月上中旬进行根外追肥2～3次，每次间隔5～7天。常用叶面肥为0.3%的尿素或0.2%～0.3%的磷酸二氢钾 3. 虫害防治。进入10月，虫害渐少，但仍需防治尾夜蛾、白蛾蜡蝉、蚜虫等害虫，尤其是白蛾蜡蝉，因其寄生多，极易危害。尾夜蛾和蚜虫的防治可用已介绍过的方法防治
结果树	第一次秋梢老熟，第二次秋梢逐步萌发和生长	壮梢和促发第二次秋梢	1. 追肥。进入10月，如秋梢转色后叶色不正常、新叶小而薄、枝梢短细，说明树体营养不足，如不及时补充肥料，则难以长出第二次秋梢或早冬梢，将导致翌年难以成花，或虽能成花，但花期过早或过晚，因此，对此类树宜在10月上中旬追施1次以磷钾肥为主的速效肥。施肥方法有两个：其一，每株追施高磷高钾复合肥200～300克；其二，每株追施过磷酸钙、氯化钾各150～180克。此期间不宜单独追施氮肥，以免造成末级梢徒长和不充实，影响花芽分化 2. 灌水。进入10月中旬如出现连续干旱，应对芒果园进行全面灌水。无灌水条件的山地果园亦尽可能淋水。此时淋灌水的目的有两个，一是可促进第二次秋梢（如为6月放梢树，则是放梢后的第三次梢）的萌发和生长；二是抑制芒果树过早进行花芽分化，以推迟花期 3. 根外追肥。10月上旬树冠仍存大量未转绿的红叶时，为促进其尽快老熟，并于11月上中旬抽出早冬梢，可于10月上中旬进行根外追肥2～3次，每次间隔5～7天。常用叶面肥为0.3%的尿素或0.2%～0.3%的磷酸二氢钾 4. 虫害防治。进入10月，虫害渐少，但仍需防治尾夜蛾、白蛾蜡蝉、蚜虫等害虫，尤其是白蛾蜡蝉，因其寄生多，极易为害。尾夜蛾和蚜虫的防治可用已介绍过的方法防治

芒果优质生产管理月历（11月）

树龄	物候期	管理重点	生产技术措施
幼龄树	早冬梢期	促早冬梢	1. 翌年结果树。重点抓促进花芽分化的工作，促进方法以及其他管理方法大体与结果树相同。但由于幼年树树势较强壮，枝势较强，可将末级梢的放梢期推迟至11月下旬，以提高花芽分化率 2. 植后当年树。这类树由于树冠尚小，翌年一般不宜让其开花结果，故于11月中旬可追施1次复合肥，并加以适当灌水，使之在11月下旬或12月初再抽1次梢，以扩大树冠和阻止花芽分化
结果树	早冬梢期花芽分化期	促进早冬梢的萌发、老熟和促进结果树的花芽分化	1. 促早冬梢转绿。早冬梢若在11月中旬前萌发，且入冬后能正常转绿，则可成为良好的结果母枝。促进转绿的方法通常是自展叶起每隔7～10天，共2次，用0.1%～0.2%磷酸二氢钾对树冠进行根外追肥 2. 疏枝。11月中旬前继续疏除弱枝与过密枝，方法与10月相同 3. 开张树冠。就紫花芒而言，长度超过30厘米，粗度大于0.7厘米的枝梢一般称旺枝，旺枝占全树1/3以上者称为旺树。对旺树旺枝如不加以控制，将很难进行花芽分化。控制的方法之一是拉枝和拿枝软化。拉枝：用绳索绑缚在大侧枝的中上部，用力拉下至大于45°的分枝角度后绑牢于地面上所打的桩，此法针对的是强旺的大枝，其能从整个大枝减弱生长势，达到促进花芽分化的目的。拿枝软化：用一手的虎口托住强旺枝条的下方，另一手于上方距虎口3～6厘米的外侧朝下压，使枝条软化朝下，压的顺序可从枝条中下部开始逐次压至梢的上部 4. 深翻中耕。11月下旬起对果园畦面全面中耕深翻1次。方法是：于畦面用利铲铲入土中，然后将土块整块铲起，翻盖于畦面，深度视距离中心干的远近而不同。畦面中外侧应深达25～30厘米，主干周围50厘米范围内约深10厘米。注意：翻起的土块不宜打碎，应依顺序鱼鳞状叠摆。此法除可达到中耕熟化土壤的目的外，尚可起到断根后提高树体细胞液浓度，促进花芽分化并将土表的虫卵、病菌翻压入土中，减少病虫害等作用 5. 环状剥皮。强旺树在难以进行花芽分化的情形下，可用环状剥皮的方法促进花芽分化。环状剥皮的时间：11月下旬至12月上中旬。部位：在主枝或侧枝下部。方法：用利刀环状割两圈，深达木质部，两圈间隔0.4～0.6厘米，割后将两圈间的树剥去，放置1～2天，伤口干后，用塑料薄膜包裹住环剥口 6. 病虫害防治。继续防治短头叶蝉、蚜虫、白蛾蜡蝉等害虫

芒果优质生产管理月历（12 月）

树龄	物候期	管理重点	生产技术措施
幼龄树	相对休眠期	冬季清园	1. 翌年结果树。可根据树势壮旺情况而采用类似结果树的扭枝、应用生长延缓剂、环状剥皮等促花工作，而病虫害防治、摘除早花、清园、树干涂白等工作则与结果树管理方法一样 2. 植后当年树。只进行清园、树干涂白和摘除早花等工作
结果树	花芽分化期	促进花芽分化、控制早花	1. 扭枝。对旺树中的旺枝可在本月初至本月中进行扭枝，以促进该枝的花芽分化。方法：用两手手指捏紧欲扭枝基部，下方的手指起固定作用，上方的手指将枝条扭转 180°，使之皮、木微裂而不断或垂下 2. 清园。本月内可将园中的杂草和枯枝落叶清除出园外烧毁或在翻土时将其深埋入土中，以减少翌年的病虫害源 3. 树干涂白。为避免害虫在树干上产卵越冬和减少病源，可于本月末对主干进行涂白。方法是：将涂白剂均匀地涂到主干或主枝基部。涂白剂有两种：一是 10%石灰水，二是用 1∶6∶40 的波尔多浆（0.5 千克硫酸铜、3 千克石灰、20 千克水）。年轻树和病虫害较少的果园可用第一配方，多病的老果园可用后配方 4. 应用生长延缓剂。旺树可应用芒果催花剂 2 号，一般树应用芒果催花剂 1 号进行催花。应用时间：在本月的上中旬为第一次，元月份进行第二次；方法：树冠喷洒 5. 摘除早花。如本月气温较高，一些管理较差的弱树、老树或放梢期不对的树会过早地长出花序，此时可待其长至 5～10 厘米时从基部摘除 6. 病虫害防治。本月中旬结合清园进行一次虫害防治。用药种类视可见虫源而定。如主要是介壳虫类，可用石硫合剂或机油乳剂；如以白蛾蜡蝉为主，可用敌百虫加敌敌畏各 1 000 倍液。防虫后于下旬全面进行一次病害预防，可用 1∶1∶100 的波尔多液全园喷雾 7. 其他。继续完成翻土和旺树环状剥皮等工作

主要参考文献

何等平等．1993．新编南方果树病虫害防治．北京：中国农业科技出版社．

侯振华．2011．芒果种植新技术．沈阳：沈阳出版社．

华南农业大学．2000．果树栽培学总论（南方本）（第3版）．北京：中国农业出版社．

李桂生．1993．芒果栽培技术．广州：广东科技出版社．

逯万兵，刘岩．1995．芒果高产栽培．北京：金盾出版社．

马蔚红等．2004．芒果无公害栽培实用技术．北京：中国农业出版社．

莫文珍．2004．实用芒果生产技术．南宁：广西科学技术出版社．

许林兵等．2012．香蕉芒果安全生产技术指南．北京：中国农业出版社．

詹儒林．2011．芒果主要病虫害诊断与防治原色图谱．北京:中国农业出版社.

图书在版编目（CIP）数据

广西芒果优质生产100问/张东，郑良永编著．—北京：中国农业出版社，2015.11（2023.8重印）
（中国现代农业科技小院丛书）
ISBN 978-7-109-21050-9

Ⅰ.①广…　Ⅱ.①张…②郑…　Ⅲ.①芒果－果树园艺－问题解答　Ⅳ.①S667.7-44

中国版本图书馆CIP数据核字（2015）第255892号

中国农业出版社出版
（北京市朝阳区麦子店街18号楼）
（邮政编码100125）
责任编辑　贺志清　史佳丽

中农印务有限公司印刷　　新华书店北京发行所发行
2016年2月第1版　　2023年8月北京第3次印刷

开本：880mm×1230mm 1/32　　印张：3.375　　插页：4
字数：80千字
定价：18.00元

彩图1　台农1号芒果

彩图2　红贵妃芒果挂果状

彩图3　台芽芒果

彩图4　紫花芒果

彩图5　金煌芒果

彩图6　红象牙芒果

彩图7　杉林1号芒果

彩图8　桂七芒果

彩图9　凯特芒果

彩图10　四季蜜芒果

彩图11　红芒6号芒果

彩图12　热农1号芒果

彩图13　苗圃繁育实生苗

彩图14　嫁接后的实生苗

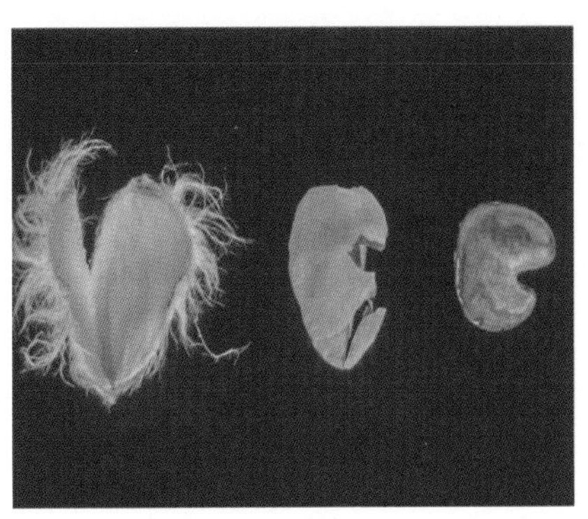

彩图15　芒果种子的结构
（种壳、膜质层、种仁）

彩图16　轻短截

彩图17　重短截

彩图18　疏剪前

彩图19　疏剪后

彩图20　摘　心

彩图21　除　萌

彩图22　主干环割

彩图23　摘花操作

彩图24　再生花序

彩图25 “大头枝”

彩图26 “花带叶”

彩图27 第一次生理落果

彩图28 第二次生理落果

彩图29 果期枝梢修剪

彩图30 吊 果

彩图31　套　袋

彩图32　果蝇授粉

彩图33　果园扩穴改土

彩图34　间伐更新果园

彩图35　逐年轮换更新

彩图36　矮化换冠

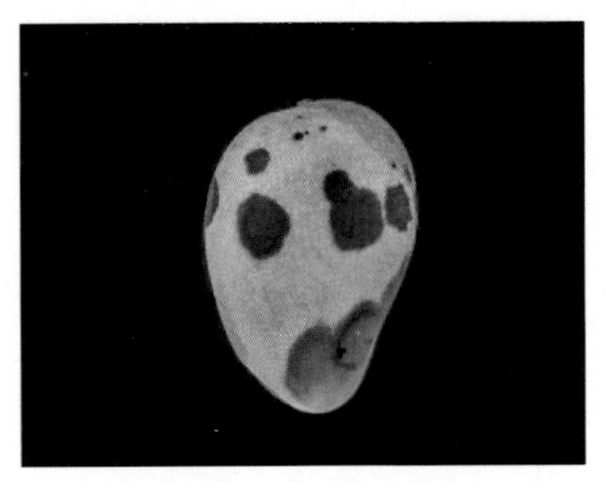

彩图37　芒果炭疽病

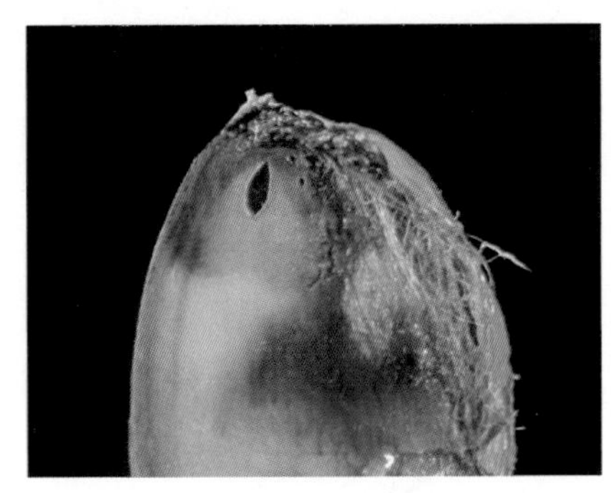

彩图38　芒果蒂腐病

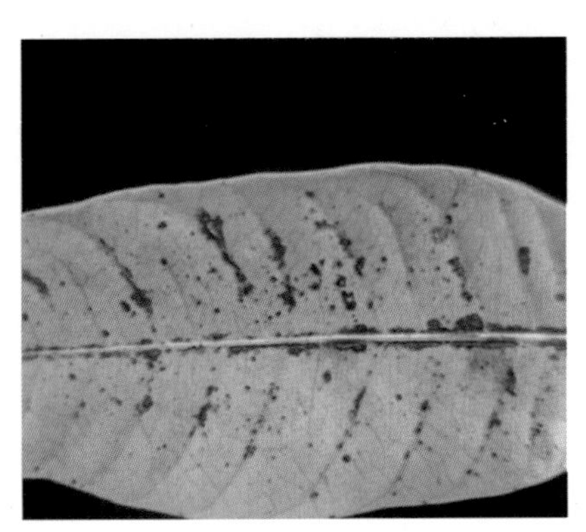

彩图39　芒果疮痂病

彩图40　芒果速死病

彩图41　芒果流胶病

彩图42　横线尾夜蛾幼虫

彩图43　天牛幼虫危害树干

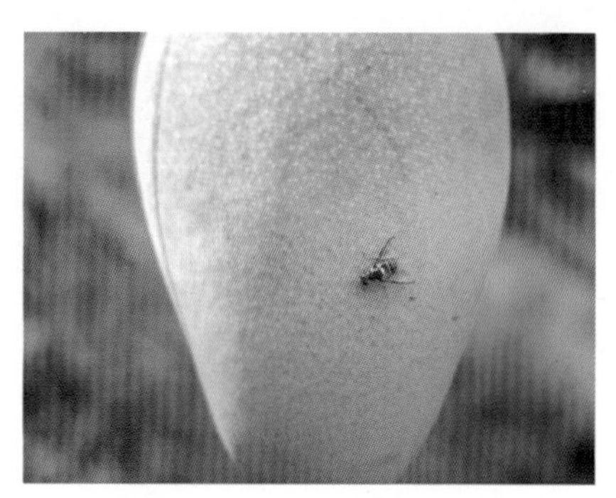

彩图44　橘小实蝇危害果实

彩图45　叶瘿蚊危害叶子

彩图46　芒果象甲

彩图47　白蛾蜡蝉

彩图48　叶蝉危害叶子